Simon Geissbühler

Der eigenen Stimme folgen – Gegen den Strom

Simon Geissbühler

DER EIGENEN STIMME FOLGEN – GEGEN DEN STROM

Renegaten, Outlaws,
Einzelgänger der Freiheit

LIT

Bibliografische Information der Deutschen Nationalbibliothek
Die Deutsche Nationalbibliothek verzeichnet diese Publikation in der Deutschen Nationalbibliografie; detaillierte bibliografische Daten sind im Internet über https://dnb.dnb.de abrufbar.

ISBN 978-3-643-80435-8 (br.)
ISBN 978-3-643-85435-3 (PDF)

Flössergasse 10
CH-8001 Zürich
Tel. +41 (0) 78-307 91 24
E-Mail: zuerich@lit-verlag.ch https://www.lit-verlag.ch

Auslieferung:

Deutschland: LIT Verlag, Fresnostr. 2, D-48159 Münster
Tel. +49 (0) 2 51-620 32 22, E-Mail: vertrieb@lit-verlag.de

Schweiz: Balmer Bücherdienst AG
Kobiboden 3, CH-8840 Einsiedeln
Tel. +41 (0) 55 418 89 89, e-Mail: info@balmer-bd.ch

Inhalt

Einleitung

Der Mensch in der Menge – das ist ein Span, in ein Bündel gepresst, das, der Strömung überliefert oder durch einen Stecken uferher Richtung um Richtung empfangend, im Wasser treibt. (Martin Buber)[1]

Menschen, die gegen den Strom schwimmen, sich den «massierten, vermengten, marschierenden Kollektivitäten»[2] verweigern und als Renegaten, Outlaws oder Einzelgänger für die Freiheit einstehen, sind das Thema dieses Buches. Diesen Menschen geht es – wie es der Schweizer Philosoph Peter Bieri (1944–2023) ausdrückte – «um die eigene Stimme, [. . .] um Echtheit, um Authentizität: darum, nicht das zu leben und zu sagen, was andere uns vorleben und vorsagen».[3] Es geht ihnen um das freie Selbstsein, darum, wie das eigene Leben behauptet und selbstverantwortlich gelebt werden kann.[4]

Mein Ziel ist es, herauszuarbeiten, was es bräuchte, dass wir alle oder zumindest einige mehr von uns und vor allem junge Menschen den Mut fassen könnten, gegen den Strom zu schwimmen. Eine detaillierte Anleitung dazu werde ich nicht liefern können, wohl aber Anhaltspunkte aus dem reichen Schatz der Erfahrungen und Leidens-, aber auch Erfolgsgeschichten von Einzelgängern, Renegaten und Outlaws. Vielleicht schöpft eine Leserin oder ein Leser aus diesen Geschichten von echten, literarischen und cineastischen Renegaten, Outlaws und Einzelgängern die Courage, ab und zu einzeln zu sein, sich nicht einfach im Mahlstrom treiben oder von Algorithmen oder

Propaganda leiten zu lassen, sondern eine eigene Meinung zu haben und das zu sagen, zu tun und zu leben, was sie oder er will. Dieses Buch soll eine Motivation für jene sein, die entdecken wollen, wie anders und schön es dort sein kann, wo niemand oder nur wenige schwimmen.

Die Menschen, die hier vorkommen, sind Figuren aus Theaterstücken, dystopischen Romanen und Science-Fiction-Filmen, aber auch solche, die real existiert haben oder noch heute leben. Zusammengenommen ergeben die Geschichten dieser auf den ersten Blick vielleicht recht zufällig ausgewählten Personen ein Sittenbild zu drei Menschentypen. Der Habitus dieser Menschen – also ihr Denken und Auftreten, ihre Haltung und ihr Handeln – lässt sich in drei Kategorien unterteilen, nämlich jene des Renegaten, des Outlaws und des Einzelgängers.

Nach einer kurzen Geschichte der Outlaws, Renegaten und Einzelgänger gebe ich verschiedene Beispiele dieser drei Menschentypen und ihrer Beweggründe, ihres Denkens und ihres Handelns. Es handelt sich dabei einerseits um Friedrich Schillers (1759–1805) Wilhelm Tell, um die Protagonisten in den klassischen dystopischen Romanen von George Orwell («1984»), Aldous Huxley («Schöne neue Welt») und Ray Bradbury («Fahrenheit 451»), in den Romanen «Circle» und «Every» des amerikanischen Bestsellerautors Dave Eggers sowie im Film «The Matrix» (1999) und in der Star-Wars-Spinoff-Serie «Andor» von Disney+ (2022/2025). Ich folge hier Eva Illouz, die treffend festhält, dass Filme und Literatur kulturelle Schauplätze, Fenster, durch die wir auf denkende und handelnde Figuren blicken können, und Fundgruben sind, von denen wir über uns selbst und andere etwas lernen können.[5] Andererseits kommen hier die Holocaustüberlebenden und Schriftsteller Imre Kertész, Norman Manea und Jean Améry, der Schriftsteller Ernst Jünger, der Philosoph Leo Strauss und die Schriftstellerin Herta Müller vor. Wer waren diese Menschen? Was trieb sie an und was vertraten sie? Wie handelten sie? Warum wurden sie zu Einzelgängern, Outlaws oder Renegaten der Freiheit?

Die Auswahl der Protagonisten ist nicht zufällig. Ich habe mich auf Epochen und Kontexte fokussiert, die mir aufgrund meiner früheren Forschungen und meiner Interessen bekannt waren. Ich habe Menschen ausgewählt, die ich für ihren Mut oder ihre Eigenständigkeit oder für das bewundere, was sie repräsentieren, riskiert und getan haben. Ich bin überzeugt, dass diese Auswahl in ihrer Breite und Vielfalt durchaus repräsentativ ist und wir aus den Befunden allgemeingültige Aussagen und vielleicht sogar Lehren ableiten können.

Allenfalls mag eingewendet werden, die im Folgenden diskutierten Beispiele seien zu stark westlich zentriert und umfassten fast nur Männer. Meine Auswahl hängt eben mit meinen Vorkenntnissen und Forschungsinteressen zusammen. Doch die Freiheit ist kein westlicher – was auch immer mit «westlich» gemeint ist –, sondern ein universeller Wert. Machen wir in Anlehnung an John Rawls ein kleines Gedankenexperiment: Was würde sich ein Mensch hinter dem Schleier des Nichtwissens wünschen: Ein selbstbestimmtes Leben, Freiheit, Grundrechte oder ein gleichgeschaltetes Leben, Unfreiheit, Rechtslosigkeit? Zudem ist klar, dass der Habitus des Einzelgängers, des Outlaws und des Renegaten der Freiheit kein Geschlecht hat.

Was und wen meine ich, wenn ich hier und im Folgenden von Renegaten, Outlaws und Einzelgängern spreche? Der *Renegat* ist ein Rebell, ein Dissident oder ein Abtrünniger. Er ist ein Individuum, das von den festgelegten Richtlinien und Normen abweicht und sich nicht an die bestehende Rechtsordnung hält. Der Renegat wählt – um die Terminologie des deutsch-amerikanischen Ökonomen und Soziologen Albert O. Hirschman (1915–2012) zu übernehmen – den Exit. Er entscheidet sich und verlässt die Gruppe, die Gemeinschaft oder die Masse bewusst. Der Renegat spricht meist auch gegen die Masse an, er hat – wieder in Anlehnung an die Hirschmansche Terminologie – seine Stimme (Voice) gefunden.[6]

Ein *Outlaw* ist ein Gesetzloser, eine Person, die aus der Masse ausgestossen und geächtet wurde. Der Outlaw hat den Exit also im Gegensatz zum Renegaten meist nicht selbst gewählt. Vielmehr wurde er dazu gezwungen, weil er angeblich oder tatsächlich ein Verbrechen begangen hat, den Mächtigen zu gefährlich und zu einflussreich oder von der Masse ausgestossen wurde – aus welchen Gründen auch immer. Der Outlaw bewegt sich meist zwischen Legalität und Illegalität und an den Rändern der Gesellschaft. Entsprechend wird er von seiner Umwelt ambivalent wahrgenommen. Outlaws wie Robin Hood oder Jesse James erscheinen so als Helden oder aber als Aussenseiter oder gar gemeingefährliche Verbrecher.[7]

Der *Einzelgänger* schliesslich ist ein Mensch, der allein oder eben einzeln ist. Es kann sein, dass er

Teil der Masse bleibt – also keinen Exit wählt –, aber nicht mit ihr mitmarschiert und nicht im Strom mitschwimmt. Der Einzelgänger lebt dann neben der Masse und wird nicht beachtet. Gelegentlich findet der Einzelgänger seine Stimme und spricht gegen die Masse an, meist will er aber keine Voice haben und allein gelassen werden und still sein. Der Einzelgänger ist für sich allein in seinem Kopf und in seinen Gedanken. Vielleicht geht er bewusst in die innere Emigration und leistet im Stillen Widerstand. Denn die Freiheit beginnt und endet im Kopf.

Diese drei Typen sind also keine Synonyme, aber sie liegen in ihrem Habitus nahe beieinander. Eine präzise Typologie und Unterscheidung von Einzelgänger, Renegat und Outlaw ist hier gar nicht nötig. Wir können aber festhalten, dass dem Einzelgänger und dem Renegaten gemeinsam ist, dass sie die Vereinzelung «freiwillig in Kauf nehmen».[8] Sie treffen eine Entscheidung. Der Outlaw hingegen wird ausgeschlossen, sucht also die Vereinzelung nicht unbedingt, sondern wird in diese Rolle gedrängt, die sie oder er dann aber doch ausdrücklich lebt und ab und zu sogar zelebriert.

Alle drei Typen stehen als Antonyme zur Masse. Denn in der Masse kann – wie es der Neurologe und Psychiater Viktor E. Frankl (1905–1997) schrieb – «keine Persönlichkeit jemals so recht zur Geltung kommen und sich entfalten»: «Aber auch die Masse verzichtet gerne auf die Persönlichkeit, ja durch die Persönlichkeit wird die Masse eigentlich nur gestört. Darum bekämpft die Masse Persönlichkeiten, unterdrückt sie, beraubt sie die Persönlichkeiten ihrer Freiheit, beschneidet sie diese Freiheit zugunsten einer Gleichheit».[9]

Diese drei Menschentypen verbindet, dass sie nicht sein wollen wie «ein Span in ein Bündel gepresst, das, der Strömung überliefert [...], im Wasser treibt» – wie es der Philosoph Martin Buber (1878–1965) gleichsam schön und treffend artikulierte.[10] Sie missbilligen die unachtsam daher gesagte Meinung, wonach niemand «berechtigt [ist], hinauszugehen und die Welt ganz allein verändern zu wollen».[11] Sie verwerfen die Möglichkeit des freien Willens, des Andersseins und der Veränderung zur Freiheit nicht im Vornherein und begeben sich nicht fatalistisch, freiwillig oder gar freudig in den Käfig oder die Matrix der Unfreiheit. Sie wissen vielmehr, dass die Veränderung zur Freiheit – wenn auch meist nur im Kleinen und langfristig – möglich ist. Sie wollen ein selbstbestimmtes Leben führen und verweigern sich der Vermassung und der Frivolität (Mario Vargas Llosa)[12] und den aufgepeitschten Gefühlen bei Massenveranstaltungen, die dem zerstörerischen Handeln den Boden bereiten und das Denken behindern.[13]

Diesen drei Typen ist schliesslich gemeinsam, dass sie schon nur durch ihr Anders- und Alleinsein für die Vielfalt der Ideen und Optionen und für den Pluralismus stehen. Renegaten, Outlaws und Einzelgänger stehen für die Freiheit, denn Freiheit «braucht menschliche Denker, souverän und unvorhersehbar». Unfreiheit dagegen verlangt nach nachgiebigen und berechenbaren Kreaturen, «die aus ihren selbstgemachten Käfigen quaken» – wie es der amerikanische Historiker Timothy Snyder schreibt.[14] Autoritäre und totalitäre Systeme sind «schlechtweg entschlossen»,

Konformität und Passivität durchzusetzen[15] und Outlaws, Renegaten und Einzelgänger zu bekämpfen.

Der Einzelgänger, Outlaw und Renegat ist übrigens kein Contrarian, der aus purer Lust am Streit und am pfauenhaften Sich-Abheben immer reflexartig eine Gegenposition einnimmt und sich in der heute in vielen Milieus zum guten Ton gehörenden Äquidistanz, Relativierung und Täter-Opfer-Umkehr übt. Der Contrarian ist eigentlich meinungs- und haltungslos, weder interessiert noch interessant. Er steht gerne im Scheinwerferlicht, lässt sich zu Talkshows einladen, erzeugt Gegenwind, wirft sich bei Kritik in die Pose des Opfers und driftet nicht selten in Verschwörungstheorien ab. Er beklagt die fehlende Meinungsäusserungsfreiheit, erhält aber als angebliche Gegenstimme immer wieder die Plattform, um zu Millionen zu sprechen. Der Einzelgänger, der Outlaw und der Renegat, den ich meine, haben mit der Gattung des wehleidigen und beleidigten Contrarians nichts zu tun.

Der Einzelgänger, Outlaw oder Renegat ist kein Schauspieler. Er setzt sich nicht in Szene, weil es gerade cool ist und sich vielleicht sogar rechnet, sich abzuheben und anders zu sein. Wenn die Rapper JAY-Z und Eminem in ihrem Song «Renegade» Folgendes zum Besten geben, tönt das zwar gut und ist im Kern durchaus das, was ein Renegat auch ist: «Renegade, never been afraid to say / What's on my mind at any given time of day / 'Cause I'm a renegade / Never been afraid to talk about anything».[16]

Nur sind JAY-Z und Eminem Multimillionäre, die ihr Böse-Buben-Image pflegen. Ein Renegat zu sein, verlangt nach etwas mehr, als im geschützten Rahmen zu sagen, was man denkt. Die leere Geste, das Hinausposaunen von Soundbites, das aufgeregte Gestikulieren, das Ritzen von Konventionen und die Provokation der Provokation willen – ohne Reflexion und Substanz – interessieren den Einzelgänger, Outlaw oder Renegaten eben schlicht nicht. Der Einzelgänger, der Outlaw oder der Renegat geht – im Gegensatz zum Contrarian und zu den Rappern JAY-Z und Eminem – persönliche Risiken ein. Oft werden sie belächelt, schräg beäugt, stigmatisiert, an den öffentlichen Pranger gestellt. In Autokratien droht ihnen viel Schlimmeres. Sie werden als Feinde betrachtet, die es zu isolieren, umzuerziehen oder allenfalls auszumerzen gilt.

Während dem Renegaten und dem Outlaw der Ruch des Geheimnisvollen anhaften kann, gilt der Einzelgänger nicht als ein attraktiver Menschentypus. Er erscheint als asozial, verschlossen und unzugänglich, schlicht als ein Misanthrop. Wer sich zuerst als ein selbstverantwortliches Individuum mit einer eigenen Meinung sieht und nicht als ein Opfer und als ein Teil einer soziokulturellen Splittergruppe, einer sexuellen, religiösen oder ethnischen Minderheit oder eines politischen (Personen-)Kults, wird kritisch beäugt. In einer Zeit, in der viele alles über sich auf X, Facebook oder Instagram teilen und auf der Jagd nach möglichst vielen Likes sind, werden jene, die ihre eigenen Wege weitab der sozialen Medien gehen, im besten Fall allein gelassen (was sich die meisten auch so wünschen) oder schlicht nicht zur Kenntnis genommen. Im schlechtesten Fall werden sie stigmatisiert und verfolgt – wie wir es unten paradigmatisch im Fall von Mercer in Dave Eggers‘ Roman «Circle» sehen werden.

Aber der Outlaw, der Renegat und der Einzelgänger, den ich meine und hier beschreibe, ist keineswegs – obschon er oft den Exit wählt – *a priori* ein Eremit oder ein Menschenfeind. Er ist anders und allein. Aber er muss nicht einsam sein. Er kann gesellig und lustig sein. Er hat seine Meinung, er denkt und spricht für sich selbst und geht seinen eigenen Weg. Er ist *per definitionem* nie «mehrheitsfähig» – zumindest nicht in seiner Zeit.

Dieses Buch will aufzeigen, dass es möglich, richtig, hart, aber auch schön ist, gegen den Strom zu schwimmen. Es versammelt Notizen, die über die Jahre entstanden sind. Es hat einerseits einen wissenschaftlichen Anspruch und dokumentiert daher Quellen und Literatur ausführlich in den Fussnoten. Andererseits ist der Text nicht in einem allzu wissenschaftlichen Jargon verfasst. Ich hoffe, dass es so auch für eine breitere Leserschaft von Interesse ist. Es soll auch möglich sein, einzelne Kapitel rauszupicken und andere nur rasch zu überfliegen, ohne damit den Faden zu verlieren. Dieses Buch lässt auch einiges bewusst für die Leserin und den Leser offen, die sich selbst eine Meinung bilden, zwischen den Zeilen lesen und Querverbindungen machen wollen.

Thema und Fragestellungen

Einzeln sein bedeutet, aus einer Tatsache – jeder ist einzeln – eine Aufgabe zu machen, für das Leben und für das Denken. [. . .] Einzeln sein bedeutet, dass man zwar immer irgendwo dazugehört, doch auch imstande ist, für sich allein stehen zu können, ohne seine Identität nur in einer Gruppe zu suchen oder seine Probleme nur auf die Gesellschaft abzuwälzen. Es bedeutet auch, Abstand zu halten und womöglich auf Zustimmung verzichten zu können. (Rüdiger Safranski)[17]

Drei Megatrends prägen unsere Gegenwart. Sie verunsichern, überwältigen, machen Angst, schwächen das Individuum und bedrohen unsere Freiheit. Erstens befinden wir uns in einem geopolitischen Mahlstrom und einer Phase globaler geostrategischer tektonischer Verschiebungen. Zweitens stellen wir sich beschleunigende autokratische und autoritäre Tendenzen weltweit fest. Drittens pflügen neue Technologien im Allgemeinen und die Künstliche Intelligenz (im Folgenden brauche ich hierfür die geläufige englische Abkürzung AI) im Speziellen unsere Gesellschaften um.

Wenn Unsicherheit und Angst herrschen, setzt der Herdentrieb ein. Das war in der Vergangenheit in transformativen Phasen immer der Fall und ist es auch jetzt wieder.[18] Die Masse stiftet Sinn und gibt Halt. Mit den Wölfen zu heulen, tut gut. Auch kostet es nichts, ist schmerzfrei und risikolos. Mit Unbehagen beobachtet zum Beispiel Sibylle Berg, «wie schnell man Massen für jeden Mist begeistern» kann.[19] Oder wie es Aldous Huxley ausdrückte: «Versammelt in der Masse verlieren Menschen ihr logisches Denkvermögen [...] und werden sehr erregbar, sie verlieren jeglichen Sinn für individuelle oder kollektive Verantwortung, sie sind das Subjekt plötzlicher Anfälle von Wut, Enthusiasmus und Panik. Anders gesagt: Ein Mensch in der Masse verhält sich, als hätte er eine hohe Dosis eines starken Rauschmittels verschluckt. Er ist das Opfer dessen, was ich Herden-Vergiftung genannt habe».[20]

Zum ersten Megatrend: Der unipolare Moment nach dem Ende des Kalten Krieges, der in Kulmination der internationalen Ordnung der Nachkriegszeit – in Europa nannten wir sie liberal – Frieden, Stabilität und Wohlstand versprochen und zumindest in Europa auch mit sich gebracht hatte, war genau das: ein Moment, der verging – zuerst inkremental, dann beschleunigt –, bevor wir es richtig gemerkt hatten. Die Zeitenwende oder – wie ich sie nenne – die Grosse Geopolitische Tektonische Verschiebung, die sich seit der Mitte des ersten Jahrzehnts des 21. Jahrhunderts akzeleriert hat, hat Gewiss- und Sicherheiten weggespült und vermeintliche Kontinuitätslinien durchtrennt.

Die Polarisierung und Fragmentierung des internationalen Systems schreiten fort. Die Regeln, Strukturen und Institutionen der liberalen Nachkriegsordnung sind längst unterminiert und werden laufend verletzt oder schlicht ignoriert. Es gibt keine Wohlfühloasen (mehr) in den internationalen Beziehungen. Die Anarchie, die Robert Kaplan in einem Gegenentwurf zu Fukuyamas Thesen 1994 angekündigt hatte, macht sich breit.[21] Der Weckrufe waren vieler und der

Beschwörungen der Zeitenwende auch. Aber in Westeuropa sind noch immer viele perplex ob dieser Entwicklungen, denn sie wähnten sich «hors histoire» in einer Welt der Annehmlichkeiten und Harmonie.[22]

Krieg und Konflikt schienen in Westeuropa weit weg. Die Jugoslawien-Kriege, Tschetschenien, Georgien, Libyen, Syrien und die russische Annexion der Krim und von Teilen des Donbass 2014 wurden als Betriebsunfälle an der europäischen Peripherie gesehen, die man gefahrlos ignorieren konnte. Die Ukraine betrachteten viele ahnungslos eh nur «als einen lästigen Wurmfortsatz Russlands oder als ziemlich belanglosen Blinddarm des untergegangenen Sowjetreiches»[23] – wie ich 2007 schrieb – und als ein Land ohne Geschichte, Identität und Agency.

Der Krieg war nie weg. Aber seine harsche Realität wurde vor allem in Westeuropa ausgeblendet – aus guten Gründen natürlich. So zählen wir heute immer mehr gewaltsame Konflikte und Kriege, die durchschnittlich länger dauern, komplexer werden, oft internationalisiert sind und kompromissloser geführt werden. Der Krieg hat keine klaren Grenzen mehr, er wird nicht erklärt, er wird nicht mit einem Friedensabkommen beendet, er ist fluid.[24]

Die lange Phase des relativen Friedens in Europa war historisch gesehen eben die Ausnahme – und nicht der Normalfall. Nun wächst der Dschungel rasch zurück,[25] und die USA unter der zweiten Trump-Administration werden nun selbst zum Prädator mit einer quasi-imperialistischen Aussenpolitik und wollen im Spiel der Grossen die Welt in Einflusssphären aufteilen, die dann politisch unterjocht und wirtschaftlich ausgesogen werden können. Viele scheinen erst mit Trump 2.0 verstanden zu haben, wo die Reise hingeht, als ob Trump der Auslöser und nicht ein nachgelagerter Ausdruck der geopolitischen tektonischen Verschiebungen der letzten zwei Dekaden gewesen wäre.

Der zweite Megatrend sind autokratische und autoritäre Tendenzen. Der britische Politologe Azeem Ibrahim prognostiziert uns ein autoritäres Jahrhundert und eine post-liberale Zukunft.[26] Freiheit und Demokratie sind weltweit unter Druck. Die globalen Entwicklungen der letzten rund 20 Jahre illustrieren, dass die Menschheitsgeschichte nicht einfach automatisch und linear auf einen Endpunkt von Frieden, Sicherheit, Freiheit und Demokratie zusteuert – wie es keineswegs nur Francis Fukuyama in seinem Buch vom Ende der Geschichte 1993 behauptet hatte. Autoritäre Regimes treten aggressiver auf und versuchen mit sogenannter Sharp Power, unsere Institutionen zu diskreditieren und zu schwächen. Es braucht kein manichäisches Weltbild, sondern einfach den Blick auf die Welt, so wie sie ist und nicht so, wie wir sie gerne hätten, um zu verstehen, dass revisionistische Mächte alles daransetzen, die Inseln der freiheitlichen Ordnung zu unterminieren.[27]

Doch der Druck auf unsere Gesellschaften kommt auch und vor allem von innen. Viele hatten es sich nach dem Ende des Kalten Krieges bequem gemacht. Wir verhielten uns so, als hätte Fukuyama Recht gehabt.[28] Kulturkritische oder -pessimistische Beobachter (zu denen ich mich nicht zähle) sprechen von Wohlstandsverwahrlosung oder gar einer infantilen Gesellschaft.[29]

Freiheit, Demokratie und Grundrechte erschienen vielen als gesichert und eine Selbstverständlichkeit – als gottgegeben gewissermassen[30] – oder aber als anstrengend und mühsam. Diese Lethargie gegenüber der Freiheit ist nichts Neues. Sie scheint sich überall dann und dort breit zu machen, wenn und wo die Freiheit etabliert ist und fälschlicherweise als selbstverständlich gilt – worauf, wie wir unten sehen, insbesondere Herta Müller immer wieder eindringlich hingewiesen hat. Hinzu kommen die Effekte der sozialen Medien und digitale Überwachung, auf die ich im Detail eingehen werde und die «unsere Privatsphäre auslöschen und uns nicht nur für alles, was wir tun und sagen, sondern auch für alles, was wir denken und fühlen, bestrafen oder belohnen» könnten (Yuval Noah Hariri).[31]

Auch in der Politik ist der Einzelgänger eher selten. Wenn es ihn gibt, wird er meist gebrochen, verdrängt und erst spät (oder gar nie) verstanden. Die Politikerin und der Politiker suchen die Nähe zur Bevölkerung, die sie ja wählen soll, drücken Hände, schielen auf Umfragewerte und positionieren sich dort, wo sie ihre Stimmen maximieren zu können hoffen. Das ist selbstverständlich kein Vorwurf, sondern eine Feststellung. Der Philosoph Søren Kierkegaard (1813–1855) meinte den auch, die Kategorie des Einzelnen sei «der Politik so entgegengesetzt wie nur möglich».[32]

Friedrich A. Hayek (1899–1992) stellte 1944 fest, dass es grundsätzlich nicht so schwierig sei, «der grossen Masse das selbständige Denken abzugewöhnen». Autoritäre und totalitäre Regime trachteten aber danach, auch die Minderheit, «die sich eine Neigung für Kritik bewahrt», zum Schweigen zu bringen.[33] Sie wollten Konformität und müssten dafür Diversität ausmerzen.[34] Um nochmals Hayek zu zitieren: «Öffentliche Kritik oder sogar blosse Zweifelsäusserungen müssen unterdrückt werden, weil sie geeignet sind, die Hingabe der Massen zu schwächen».[35] Um dies zu erreichen, sind die Informationssysteme von autoritären Regimes – wie Yuval Noah Harari schreibt – «in der Regel hochgradig zentralisiert», und das Zentrum geniesst «unbegrenzte Autorität».[36]

Daher sind der Einzelgänger, der Outlaw und der Renegat im autoritären Staat und in der Diktatur hochgradig gefährdet. Sie gelten dem Regime als der ultimative Feind, der mundtot gemacht werden muss. Wir wissen also zwangsläufig wenig oder gar nichts von diesen Menschen in der Diktatur. Sie bleiben für uns meist verborgen. Wie es sein muss, in einer Diktatur abseits der Schnellstrassen der verordneten Meinungen und Lebensentwürfe für sich allein zu gehen, können wir meist nur erahnen.

Doch wie es Timothy Snyder in Anlehnung an Huxley schreibt: Tyrannei muss sich nicht unbedingt nur auf Repression abstützen, bisweilen genügen kleine Annehmlichkeiten und etwas Vergnügen, um die Menschen dazu zu bringen, ihre Freiheit aufzugeben.[37] Wie es der französisch-russische Philosoph Alexandre Kojève (1902–1968) affirmativ formulierte: Die Staatsbürger werden vom System entmündigt und ihrer Freiheit beraubt. Sie behalten noch das, wovon sie glauben, dass es sie glücklich macht.[38] Oder um mit Wolfgang Sofsky zu sprechen: «Auch ohne die Knute eines Aufsehers und ohne den strengen

Blick eines Herrn leben viele Menschen zufrieden im Gehäuse der Hörigkeit».[39]

Ebenso wirkungsmächtig wie die geopolitischen Veränderungen und die autokratischen und autoritären Tendenzen ist der dritte Megatrend. Neue Technologien, AI und soziale Medien wirken auf das Individuum ein und untergraben die Freiheit. Sie vertiefen die Polarisierung und Tribalisierung. Algorithmen verlocken uns dazu, «unsere Freiheit *nicht* zu gebrauchen».[40] In den sozialen Medien und auch in den Strassen marschieren und skandieren viele wieder in Massen. Sie schwimmen im Strom und heulen mit den Wölfen. Ich komme ausführlich darauf zurück.

Nicht zufällig sind wir in den sozialen Medien «Users» und «Followers», also Benutzer, Anhänger und Mitläufer. Der «User» muss nicht nachdenken und selbst etwas schaffen. Er benutzt nur, was ihm und Millionen anderen vorgegeben wird. Er wartet passiv auf dem warmen Sofa in einer digitalen Parallelwelt auf den Schubs des «Influencers». Der «Follower» spielt als Einzelner keine Rolle. Gemeinsam werden die «Follower» zur homogenen Masse: je mehr «Follower», desto besser. Die, die uns den Weg und die «richtige» Meinung vorgeben, sind eben «Influencer».

Gerade für junge Menschen, die mit den sozialen Medien aufwachsen, geradezu in sie und mit ihnen verwachsen sind, wird es immer schwieriger, eine eigene Position zu entwickeln und zu vertreten. Es wird gesagt und mit einem «Like» versehen, was die «Influencer» vorgeben und in den Echokammern der Peers als richtig angesehen wird. Die Algorithmen sorgen dafür, dass der Widerhall in diesen Echokammern noch stärker wird.

Mir scheint – und ich bin kein Kulturpessimist, und es liegt mir fern, ein mythisches Goldenes Zeitalter zu besingen, als angeblich alles so viel besser war –, dass uns in dieser beschleunigten und immer mehr von AI durchdrungenen Welt so einiges abhandenkommt, zum Beispiel die Konzentration, die Geduld, die Genauigkeit und die Klarheit der Argumente und der Sprache. Patrick Cernoch bringt es so auf den Punkt: «Die verwendete Sprache scheint langsam zu verkümmern. [. . .] Das Leben der Einzelnen scheint, allen globalen Verkomplizierungen zum Trotz, immer banaler, gleichsam kindischer zu werden. Nimmt man die Sprache als Abbild der als wahr erlebten Wirklichkeit, scheinen sie deshalb vermehrt geistig an die Hand genommen werden zu wollen».[41]

So kommt auch im Kleinen, in unserem täglichen Leben vieles ins Rutschen. Jürgen Habermas‘ neue Unübersichtlichkeit hat eine neue und bedrängende Bedeutung und Qualität erhalten. Wir erleben sie jeden Tag. Der Begriff der Beschleunigung der Geschichte wirkt zwar abgegriffen, doch niemand wird ernsthaft bestreiten können, dass wir in einer ungeheuer dynamischen und schnellen Welt mit rasanten und zum Teil asynchronen technischen, soziokulturellen und geopolitischen Entwicklungen leben.[42] Der amerikanische Journalist Nathan Gardels und der Investor und Philanthrop Nicolas Berggruen sprechen von einer neuen Zeit der perpetuellen Disruption.[43] Wir sind «immer im Dienst» und im Schaufensterlicht, wir sind «ständig vernetzt» und werden so auch ständig überwacht.[44]

Vor dem Hintergrund dieser Megatrends stellt sich die Frage, ob der Mensch, wenn er denn überhaupt will, gegen den Strom schwimmen und sich den Zwängen der Masse entziehen kann. Kann er ausserhalb eines wie auch immer definierten Mainstreams stehen? Kann er existieren, ohne das Spiel des Tages mitzuspielen und den Narren zu geben – wie es der peruanische Literatur-Nobelpreisträger Mario Vargas Llosa (1936–2025) fragte?[45] Oder ist die Figur des Einzelgängers aus der Gesellschaft «so gut wie verschwunden», da er «heute keinerlei Nimbus mehr» besässe?[46]

Der Historiker David Vincent wirft zurecht die Frage auf, ob es heute überhaupt noch Räume gibt, in denen das Individuum allein, anders und nicht überwacht sein kann.[47] Für die amerikanische Historikerin Christine Rosen ist es indes weniger eine Frage des Nicht-Könnens, sondern des Nicht-Wollens. Wir wollen gar nicht allein sein, wir halten es nicht aus, nur mit unseren Gedanken zu sein und uns vielleicht sogar einmal zu langweilen. Wir brauchen die kontante Berieselung, Ablenkung und Unterhaltung.[48]

Für Botho Strauss ist die Sache denn auch längst entschieden, wenn er in seiner typisch provokativen Art meint, «Konformitäten, Korrektheiten und Konsensivitäten» würden «von den Bakterienschwärmen neuer Medien lediglich verstärkt». So sei der Einzelne «nur noch ein Märchen in unseren Tagen»:[49] «Die Überwachung des neu-bürgerlichen Lebens regeln die Vorschriften des politisch Korrekten und Guten. [. . .] Widerspruch zum Guten gehört sich nicht».[50]

Ist die Figur des Renegaten, des Outlaws oder des Einzelgängers also wirklich eine rein literarische oder kinematografische geworden, weil sie in der Realität schlicht nicht mehr möglich ist? Und falls sie doch weiter existiert, welche Strategien gibt es für die Renegaten, die Outlaws oder die Einzelgänger in unserer Gesellschaft? Wer sind diese Menschen? Was treibt sie an? Wo holen sie ihre Kraft her, gegen den Strom zu schwimmen, nicht mit den Wölfen zu heulen, zu widersprechen und anders zu sein? Was können wir von ihnen lernen? Und was bedeutet es, ein Renegat, ein Outlaw oder ein Einzelgänger in einem autoritären oder totalitären Staat zu sein, also an einem Ort, wo die Freiheitsgrade des Individuums systematisch reduziert werden und die Kosten, anders zu sein, exponentiell ansteigen?

Dies sind einige der Fragen, denen ich im Folgenden an konkreten Beispielen von Renegaten, Outlaws und Einzelgängern für die Freiheit in Vergangenheit und Gegenwart nachgehe. Ich bin der Überzeugung, dass es mehr denn je Menschen mit einem klaren Kompass bräuchte, die für die Freiheit einstehen. Denn diese Freiheit ist nie garantiert. Sie ist fragil und lässt sich nicht – wie der schweizerisch-israelische Philosoph und Psychologe Carlo Strenger (1958–2019) schrieb – «durch gute Manieren und allseitiges Zueinander-nett-Sein» sichern.[51] Wir brauchen Renegaten und Outlaws für die Freiheit, denn wenn wir uns «von der Idee des freien und kritischen Individuums verabschieden, verabschieden wir uns auch von den zentralen Werten und Errungenschaften unserer Zivilisation und öffnen totalitären Tendenzen Tür und Tor».[52]

Jetzt bräuchte es Menschen mit dem Mut, ab und an allein und einzeln zu sein, nachzudenken und eine eigene Meinung zu haben und zu vertreten. Es bräuchte gerade «in einer Welt, in der Computer Menschen überwachen [und] es zum ersten Mal in der Geschichte möglich [werden könnte], die Privatsphäre vollständig zu zerstören» (Yuval Noah Harari),[53] Outlaws und Renegaten, die sich gegen die vorherrschende Meinung stellen, handeln und für die Freiheit einstehen – mit Gedanken, mit Worten und mit Taten. Und natürlich gibt es solche Menschen, die Mut haben – auch wenn viele von ihnen unentdeckt bleiben.

Eine kurze Geschichte der Outlaws, Renegaten und Einzelgänger

Das Schlimmste, das ich kenne, ist Untertänigkeit oder der Wunsch, sich unbedingt zu unterwerfen, dieses Mitmachen, Mitlaufen, Mitsingen, Mitmarschieren und dabei auch noch in eine peinliche Euphorie verfallen. (Heinrich Böll)[54]

Der Einzelgänger, der Renegat und der Outlaw waren in der Menschheitsgeschichte immer die Ausnahme, eine oft verschwindend kleine Minderheit. Aber es hat sie immer gegeben. Bereits in der griechischen Antike entwickelten Philosophen wie Xenophanes, Heraklit oder Anaxagoras eine Vorstellung und ein Verständnis von Individualität – wie der deutsche Philosoph Volker Gerhardt gezeigt hat. Sie dachten «die *Individualität* der Dinge und Menschen als zugehörige Momente der *Universalität* des Kosmos und können somit auch die Freiheit der Einzelnen mit dem allgemeinen Gesetz des Staates zusammendenken».[55] Sokrates stipulierte, dass «Selbsterkenntnis und unerschrockenes Eintreten für die eigenen Ansichten» die Voraussetzungen «für ein menschenwürdiges Zusammenleben» sind. Bei Plato ist «der *Einzelne* verantwortlich», weise, tapfer, besonnen und gerecht zu sein.[56]

In den heiligen Schriften vieler Religionen finden wir Gestalten, die wir mit Fug und Recht als Einzelgänger, Renegaten oder Outlaws bezeichnen können.

Religionsstifter und Propheten waren oft Einzelgänger, die sich in die Einsamkeit der Berge oder der Wüste zurückzogen, um die göttliche Offenbarung zu erfahren. Der Prophet als Individuum hört – wie der Historiker Gershom Scholem (1897–1982) schrieb – «eine deutliche Botschaft» und besitzt «eine unmittelbare Erfahrung des Göttlichen».[57] Auch Mystiker waren und sind meist – obschon ihre Erfahrung anders ist als jene der Propheten – Einzelgänger: «Der Mystiker ist charakteristischerweise ein Einzelgänger und Individualist. Er hasst Parteien und Politik, ob in Staat oder Kirche. [...] Denn der Mystiker ist ein intensiver Idealist, eine Art spiritueller Aristokrat».[58] Der Mystiker sucht Gott. Er tut dies direkt, ohne Vermittlung.[59]

Auch der Philosoph kann (aber muss nicht unbedingt) einzeln sein. Er ist es dann, wenn er – wie es der amerikanische Philosoph Michael Walzer beschreibt – «im Geiste von seiner gesellschaftlichen Position zurücktritt» und sich «von seinen Sonderinteressen und Kirchturmloyalitäten» lossagt.[60] Alleinsein bedeutet für den Philosophen demnach nicht Isolation, sondern erscheint als eine Praxis, die der Kreativität, Selbstfindung und Einsicht zum Vorteil gereicht.

Einige der Propheten der Thora/Bibel waren Einzelgänger *par excellence*, ja recht eigentlich Exzentriker.[61] Sie stellten sich gegen die Massen. Immerhin wussten sie Gott auf ihrer Seite und hörten eben eine deutliche göttliche Botschaft. Der Prophet Jesaja ging «nackt und barfuss» umher, weil ihm Gott es so befohlen hatte (Jesaja 20, 1). Jeremia band sich mit Stricken ein Joch auf den Nacken (Jeremia, 27,

2). Ezechiel scheint ebenfalls ein relativ sonderbarer und überspannter Zeitgenosse gewesen zu sein. Gott erkannte in Ezechiel den alleinigen Boten, der seine Worte zu überbringen imstande ist (Ezechiel 3, 1–21). Ezechiel wurde so zum Warner, der das Bindeglied zwischen Gott und seinem Volk war. Dass diese Position und Funktion jener des Einzelgängers gleichkam, erschliesst sich ohne Weiteres.

Bei Ezechiel (18) wird in der Thora/Bibel deutlich, dass jeder Mensch vor Gott einzeln und für sich selbst und für sein Handeln verantwortlich ist: Ein Sohn trägt keinerlei Verantwortung für das Tun seines Vaters und der Vater keine für jenes seines Sohnes.[62] Und dass Jesus ein Einzelgänger und ein Outlaw war, liegt auf der Hand.[63] Er ging einen radikal anderen Weg und exponierte sich mit seinen Worten und Taten. Volker Gerhardt sieht im Beispiel «eines für seinesgleichen sterbenden Individuums» (Jesus) gar den Ausdruck «einer radikalen *Individualisierung* des einzelnen Menschen».[64]

Auch in der römischen Antike gab es durchaus «Aufmerksamkeit auf die Dispositionen und Motive des Tuns einzelner Personen».[65] In unserem Zusammenhang wichtig sind die Werke von Seneca, dem mithin wichtigsten Vertreter der römischen Stoa.[66] In seiner wohl ums Jahr 58 n. Chr. verfassten Schrift «Vom glückseligen Leben» («De vita beata») betonte Seneca die Bedeutung des selbständigen Denkens und Handeln, des Anders- und Einzelseins: «Vor nichts also muss man sich mehr hüten, als dass man wie das Herdenvieh den Vorangehenden nachlaufe, indem man da geht, wo die Menge eben zu gehen pflegt, nicht da, wo man gehen sollte».[67]

Seneca forderte seine Leser dazu auf, sich nicht nach dem «Gerede der Leute» zu richten, sondern nach der eigenen Vernunft. Mit der Vernunft einher gingen drei andere Kardinaltugenden, nämlich die Tapferkeit, die Selbstbeherrschung und die Gerechtigkeit. Alle diese Tugenden waren aus der Sicht der Stoiker «Formen von Wissen».[68] Man müsse selbst nachdenken und solle nicht «immer nur anderen» glauben. Nicht den Beifall der Masse gelte es zu suchen, nicht den Pfad der Vorangehenden gelte es einzuschlagen. Die Mehrheit sei nicht immer der Gradmesser. Nur weil viele etwas täten oder sagten, bedeute das noch lange nicht, dass es richtig sei: «Wir müssen uns fragen, was das Beste ist, nicht was am meisten geschieht».[69]

Mit der Renaissance, Reformation, Aufklärung, dem Liberalismus und den Revolutionen am Ende des 18. Jahrhunderts – vor allem der Amerikanischen – erhielten die Freiheit, das Individuum und die Individualität eine ganz andere Qualität. Ob es den Menschen – wie bisweilen in Anlehnung an die Thesen des Schweizer Historikers Jacob Burkhardt (1818–1897) behauptet wurde[70] – erst in der Renaissance bewusstgeworden ist, dass es überhaupt Individuen und ein Ich gibt, halte ich für fragwürdig. Wie wir gerade gesehen haben, gab es bereits in der Antike sehr wohl ein Verständnis von Individualität.

Dass der Individualismus ein Kernelement der Renaissance war – wie dies auch der italienische Historiker Ercole Ricotti (1816–1883) betonte –, scheint mir freilich unbestritten. Ricotti sah den Individualismus vor allem als ein Zeichen eines ausgeprägten Abenteuergeistes.[71] Jacob Burkhardt machte in der Renaissance einen Trend hin zur aggressiven Selbstbehauptung von Individuen aus, die sich von einem extern vorgegebenen Autoritätsrahmen befreit hatten.[72] Der deutsche Soziologe Georg Simmel (1858–1918) zweifelte zwar daran, «ob dem Mittelalter die Züge der Individualität wirklich in so erheblichem Masse mangelten». Aber er stellte nicht in Abrede, dass sich die «Umrisse der Person» in der Renaissance deutlicher abzuzeichnen begannen und sich die Entwicklung der persönlichen Freiheit beschleunigte.[73]

Die Ichbezogenheit der Eliten, vor allem der Künstler, war in der Renaissance unbestrittenermassen stark ausgeprägt, was einen Bruch zum Mittelalter darstellte. Maler wie Raffaello (1483–1520), Leonardo da Vinci (1452–1519) oder Michelangelo (1475–1564) waren Superstars. Der Einzelne wurde «ermuntert oder auch gezwungen», «sich seiner selbst bewusst zu werden, weil die traditionellen Bindungen, Gesetze und Glaubenswelten» zumindest für die Eliten ihre Autorität verloren. Dies dürfte – so mutmasst Rüdiger Safranski – auch ein Effekt der Geldwirtschaft gewesen sein, die in Norditalien früh aufkam.[74]

Die Reformation war auch eine Revolution gegen die Kirche und den Klerus mit seinen Privilegien und seiner Vormachtstellung,[75] getrieben vom «Wunsch nach Befreiung von herrschaftlichen Zwängen und der verfestigten hierarchisch-ständischen Gesellschaft überhaupt».[76] Die Reformatoren sahen es als ihre Aufgabe an, den christlichen Glauben auch den einfachen Menschen nahezubringen.[77] Entscheidend war hierbei, dass sich mit der Reformation die Unterschiede zwischen «Gott näher und Gott ferner Stehenden» auflösten: Alle wurden nun «gleichwertige Glieder und Priester der unsichtbaren christlichen Gemeinde».[78] Deidre Nansen McCloskey schreibt entsprechend: «Das Priestertum aller Gläubigen und insbesondere eine Kirchenleitung durch die Gemeinde und nicht durch eine Hierarchie luden die Laien dazu ein, sich selbst und ihr tägliches Handeln als vom Heiligen Geist durchdrungen zu betrachten».[79]

Nun braucht man nicht so weit zu gehen wie der britische Historiker John Bossy (1933–2015), der die Reformation als ein Nebenprodukt von Individualismus und Kapitalismus interpretierte.[80] Der Wirkungszusammenhang dürfte – wie wir oben bei McCloskey gesehen haben und unten bei Max Weber mit leicht anderen Konnotationen sehen werden – genau umgekehrt gewesen sein: Die Reformation war der Treiber für eine beschleunigte Individualisierung und die Ausbildung des Kapitalismus. Es ist indes evident, dass dem Individuum im frühen Protestantismus eine andere Stellung und Rolle zukam als im Katholizismus.[81] Der einzelne protestantische Gläubige braucht keinen Mittler, keinen Priester, keine Kirche und keinen Papst zwischen sich und Gott. Er steht direkt vor Gott. Diese Unmittelbarkeit ist Ausdruck der Individualität des Gläubigen.[82]

Dass die Kirche mit Härte gegen jene vorging, die ihre Vormachtstellung zu untergraben schienen und ihr Autorität in Frage stellten, ist nicht weiter erstaunlich. Dazu gehörte zum Beispiel der Prager Frühreformator Jan Hus (um 1370–1415), der auf dem Konzil von Konstanz 1415 «als hartnäckiger und unbelehrbarer Ketzer» verurteilt und verbrannt wurde. Hus sei – so schrieb die «Welt» zum 600. Todestag des Frühreformators – «selbstgerecht und schroff» gewesen und habe sich geweigert, abzuschwören. Was die «Welt» einen Dickkopf und Dogmatiker schimpft, war letztlich ein Renegat und Outlaw mit einer starken Stimme, der seine eigene Meinung vertrat und bereit war, dafür den ultimativen Preis zu zahlen.[83]

Ein anderer Renegat und Outlaw, der für seine Überzeugung und seine Meinung und wegen seiner Opposition gegen den Unfehlbarkeitsanspruch der Kirche hingerichtet wurde, war der italienische Priester, Mönch, Philosoph und Astronom Giordano Bruno (1548–1600). Die Inquisition liess Bruno 1600 in Rom wegen Ketzerei und Magie auf dem Scheiterhaufen verbrennen. Bruno hielt nichts von Dogmen, «kein Sakrament war ihm heilig, und wenn die Lehren der Kirche mit der Vernunft in Konflikt gerieten, stand er selbstverständlich auf der Seite der Vernunft. Dem Denken durften keine Fesseln angelegt werden, das war seine tiefe Überzeugung».[84]

Der deutsche Soziologe Max Weber (1864–1920) wies in seinem bahnbrechenden Werk zur protestantischen Ethik und dem «Geist» des Kapitalismus auf die Relevanz insbesondere des Calvinismus für die Ausbildung des Kapitalismus hin. Webers These besagt, dass der Glaube, dass dem einzelnen Gläubigen sein Schicksal, ob er auserwählt ist oder nicht, von Gott vorausbestimmt ist – also die Prädestination –, das Individuum im Diesseits zu Askese, zu Effizienz und Effektivität im Beruf und zum Erfolgsstreben antreibt. Erfolg im Diesseits ist ein Fingerzeig Gottes, dass den Gläubigen ein günstiges Schicksal erwartet, also ein Ausdruck von Gottes Segen und Auserwählung.

Weber leitete daraus ab, dass calvinistisch geprägte Gesellschaften wirtschaftlich erfolgreicher sein müssten als nicht protestantische – und er fand deutliche empirische Evidenz für seine These. Der calvinistische Protestantismus im Allgemeinen und die Prädestinationslehre im Besonderen führten – so zeigte sich Weber überzeugt – zu einer Vereinzelung, die Weber negativ sah, weil sie einem «illusionslosen und pessimistisch gefärbten Individualismus» gleichkomme.[85]

Während die Analyse von Max Weber aus meiner Sicht weitgehend treffend ist, teile ich seine negative Wertung nicht, im Gegenteil. Die mit der Reformation beschleunigte Vereinzelung oder Individualisierung ist ein historischer Prozess, der weder gut noch schlecht, sondern eine Tatsache ist. Er setzte enorme innovative Energien frei. Wie es der amerikanische Ingenieur und Wissenschaftshistoriker John Lienhard sagt: «Erfinden bedeutet, einen Status quo zu verletzen. Alle Epochen der grossen Erfindungen waren von einem Klima der zunehmenden persönlichen Freiheiten geprägt».[86]

Machen wir einen Sprung von der Reformation zum Philosophen Baruch Spinoza (1632–1677), der einer portugiesisch-jüdischen Familie entstammte und in den relativ liberalen Niederlanden lebte und arbeitete. Spinoza kann weder eindeutig der Frühaufklärung noch dem Frühliberalismus zugeordnet werden. Er hat in der Philosophie des 17. Jahrhunderts eine Sonderstellung. In einem bekannten Handbuch zur Geschichte der politischen Ideen wird Spinoza interessanter- oder kurioserweise unter dem Kapitel «Englische Revolutionen und Reflexionen» zusammen mit Thomas Hobbes (1588–1679) aufgeführt, obschon er Holländer und nicht Engländer war und zwar punktuell von Hobbes beeinflusst, aber ein durch und durch origineller Denker war.[87]

In Spinozas «Theologisch-politischem Traktat» von 1670, den er ausdrücklich auch – wie er es selbst sagte – zur Verteidigung der Freiheit, «zu philosophieren und zu sagen, was man denkt», geschrieben hatte,[88] finden sich die folgenden bemerkenswerten Passagen: «Darum also wird eine Regierung als Gewaltherrschaft angesehen, wenn sie sich auf die Geister ausdehnt [und sich das Recht anmasst, vorzuschreiben], was jeder als wahr annehmen und was er als falsch verwerfen soll». Jeder sei «nach dem höchsten Naturrecht Herr seiner Gedanken». Der Zweck des Staates sei es entsprechend nicht, die Menschen «in Furcht zu halten», sondern, im Gegenteil, sicherzustellen, dass sie sich frei entfalten und ihre Vernunft brauchen können: «Der Zweck des Staates ist in Wahrheit die Freiheit».[89]

Spinoza war ein philosophischer Renegat. Immer wieder wurde ihm vorgeworfen, er sei ein Atheist, was ihm in seiner Zeit gefährlich hätte werden können. Spinoza hatte das Glück, im relativ liberalen Holland, «in einem Staate zu leben, worin jedem die unbeschränkte Meinungsfreiheit und das Recht, Gott nach eigener Überzeugung zu verehren, zugestanden ist, und worin die Freiheit als das teuerste und köstlichste Gut geschätzt wird» – wie Spinoza selbst schrieb.[90] Weniger Glück hatte Spinoza mit der jüdischen Gemeinde in Amsterdam, die ihn 1656 exkommunizierte.

Die Entfesselung des Individuums beschleunigte sich mit der Aufklärung, die von Frankreich ausging, aber keineswegs dort endete. Hier ist nicht der Ort, die aufklärerischen politischen Ideen von Montesquieu (1689–1755) über Voltaire (1694–1778) bis hin zu Jean-Jacques Rousseau (1712–1778) zu besprechen.[91] Es sei indes exemplarisch auf Immanuel Kant (1724–1804) und seinen Aufsatz «Beantwortung der Frage: Was ist Aufklärung?» von 1784 verwiesen, der in unserem Kontext besonders relevant ist.[92]

Kant definiert die Aufklärung als «Ausgang des Menschen aus seiner selbst verschuldeten Unmündigkeit». Unmündigkeit wiederum ist bei Kant «das Unvermögen, sich seines Verstandes ohne Leitung eines anderen zu bedienen». Mündigkeit umgekehrt ist also das Vermögen des Individuums, selbst zu denken und zu agieren. Aus Feigheit und Faulheit würden viele Menschen – so stellte Kant fest – gerne zeitlebens unmündig bleiben. Denn dies sei bequem. Es brauche Mut und Anstrengung, sich aus der Unmündigkeit herauszuarbeiten. Die Aufklärung erfordere nichts als Freiheit. Oder wie es Josef Joffe auf den Punkt gebracht hat: Die Aufklärung bedeutet, dass nicht «Priester, Potentat und Partei» für den Einzelnen denken: «Ich muss es selber tun – Irrtum eingeschlossen. [. . .] Wahrheit gibt es, doch wird sie nicht verfügt, sondern im ewigen Disput entdeckt».[93]

Die Entstehung des Liberalismus, einer vielschichtigen Ideenlandschaft und keineswegs einer monolithischen Theorie, steht in enger Wechselwirkung mit der Aufklärung. Kern des Liberalismus sind die Freiheit des Individuums und das Recht auf persönliches Eigentum.[94] Oder um nochmals Josef Joffe zu zitieren: «Das Individuum ist King» im Liberalismus, «der Staat nicht Herrscher, sondern Diener. Im Mittelpunkt des politischen Universums steht der Einzelne – nicht Clan und Kongregation, Volksgruppe oder Geschlecht».[95]

John Stuart Mills (1806–1873) 1859 publizierter Essay «Über die Freiheit» ist in unserem Zusammenhang ein zentrales Werk.[96] Mill sah in der Eindämmung der Macht der Gesellschaft und des Staates über das Individuum und im «Kampf zwischen Freiheit und Autorität» die Lebensfrage der Zukunft. Es genüge nicht, das Individuum «gegen die Tyrannei der Behörde» zu schützen, sondern es brauche auch den «Schutz gegen die Tyrannei des vorherrschenden Meinens und Empfindens». Denn die Gesellschaft (oder besser: der Staat und die Massen) habe die Tendenz, «wenn möglich die Bildung jeder Individualität, die nicht mit ihrem eigenen Kurs harmoniert, zu verhindern und alle Charaktere zu zwingen, sich nach ihrem eigenen Modell zu formen».[97] Mill formulierte hier ein eisernes Gesetz der Unterdrückung der Abweichung, des Einzeln- und Anders-Seins und -Denkens, das es zu durchbrechen gelte.

Die individuelle Freiheit steht bei Mill über (fast) allem. Der einzige Grund, dass der Staat einem Individuum etwas verbietet, ist das Prinzip der Goldenen Regel, also um «die Schädigung anderer zu verhindern». Ansonsten ist das Individuum über «sich selbst, über seinen eigenen Körper und Geist» «souveräner Herrscher».[98] Der Kern der Freiheit ist so die «Freiheit des Denkens und Fühlens, unbedingte Unabhängigkeit der Meinung und der Gesinnung bei allen Fragen», die «Freiheit des Geschmacks und der Studien, Freiheit, einen Lebensplan [zu] entwerfen und zu tun, was uns beliebt, ohne Rücksicht auf die Folgen und ohne uns von unseren Zeitgenossen stören zu lassen, solange wir ihnen nichts zuwider tun».[99] Mill plädierte für den Wettstreit der Ideen, denn jedes Unterbinden einer Erörterung sei eine Anmassung von Unfehlbarkeit.[100]

Schon viel früher hatte der englische Philosoph John Locke (1632–1704) liberale Prinzipien gelehrt. Mit dem Naturrecht begründet Locke das Recht des Einzelnen auf Leben, Freiheit und Besitz. Die Freiheit ist der Zustand, in dem sich der Mensch «von Natur aus» befindet.[101] Das Individuum ist eigenständig und frei. Mit dem Recht auf Freiheit meinte Locke das Recht, «seine *eigene Meinung* zu haben und in seinen Handlungen sowie in seinen örtlichen Bewegungen *nicht eingeschränkt* zu sein».[102]

Der Wunsch nach Freiheit – individuell und von Grossbritannien – war besonders wirkungsmächtig in der Amerikanischen Revolution.[103] Hannah Arendt (1906–1975) brachte es auf den Punkt: Das Ziel der Amerikanischen Revolution war die Freiheit, und die amerikanische Verfassung wurde zum Fundament ebendieser, zur «constitutio libertatis».[104] Abraham Lincoln sagte es 1863 in seiner berühmten Gettysburg-Rede so: «Unsere Vorväter haben auf diesem Kontinent eine neue Nation im Namen der Freiheit entworfen, geweiht der Überzeugung, dass alle Menschen gleichberechtigt geschaffen sind». Für den Philosophen Ralph Waldo Emerson (1803–1882) war der amerikanische Individualismus der Weg zur perfekten Freiheit – eine spontane soziale Ordnung von selbstbestimmten, selbstständigen und voll entwickelten Individuen.[105]

Die Amerikanische Revolution richtete sich gegen die Monarchie im Allgemeinen und die angedrohten Steuererhöhungen im Besonderen. Thomas Paines Streitschrift «Common Sense» von 1776 ist eine wichtige Quelle, um das revolutionäre Narrativ in den Kolonien zu verstehen.[106] Thomas Paine (1737–1809) wuchs in England auf und floh 1774 nach Amerika. Er arbeitete als Journalist in Philadelphia. Seine Schriften waren äusserst erfolgreich und trugen massgeblich dazu bei, die Revolutionsbegeisterung zu entfachen. Von «Common Sense» wurden in den ersten drei Monaten des Jahres 1776 120'000, bis Ende 1776 eine halbe Million Exemplare verkauft.

Für Paine war der Staat im allerbesten Fall ein notwendiges Übel und die Monarchie etwas «überaus Lächerliches». Im Gegensatz zu den europäischen Republiken Niederlande und Schweiz, die friedlich seien (wobei «friedlich» hier sicher relativ zu verstehen ist), neigten die Monarchien zu Streit und Krieg. Die Kolonien hätten das Naturrecht, eine eigene Regierung zu wählen. Amerika solle – so führte Paine weiter aus – ein Asyl für die Menschheit werden, ein Zufluchtsort für jene, die Freiheit suchten. Denn die Alte Welt werde von den Kräften der Unterdrückung überrollt. Auch Amerika sei bis anhin nicht frei gewesen, weil die Kolonien durch den König systematisch gegängelt worden seien. Ein einziger Mann, 3'000 Meilen entfernt, habe die Kolonien im eisernen Griff gehabt. Amerika habe nun die einmalige Chance, «to begin the world over again».

Die Unabhängigkeitserklärung vom 4. Juli 1776 war das Werk einer kleinen Gruppe von Männern, wobei der damals erst 33-jährige Thomas Jefferson (1743–1826) die Feder führte. Die Unabhängigkeitserklärung hält in der Präambel fest, dass «alle Menschen gleich geschaffen» und «von ihrem Schöpfer mit gewissen unveräusserlichen Rechten ausgestattet sind»: Leben, Freiheit, Streben nach Glück. Zur Sicherung dieser Rechte soll eine Regierung eingerichtet werden, «die ihre rechtmässige Macht aus der Zustimmung der Regierten» herleitet. Sollte sich eine Regierungsform «für diese Zwecke als schädlich» erweisen, ist es das Recht des Volkes, sie zu ändern oder abzuschaffen und eine neue Regierung einzusetzen «und sie auf solchen Grundsätzen aufzubauen und ihre Gewalten in der Form zu organisieren, wie es zur Gewährleistung ihrer Sicherheit und ihres Glücks geboten zu sein scheint». Was Glück bedeutet, lässt die Unabhängigkeitserklärung ganz bewusst offen, weil es eben nicht an der Regierung ist, zu sagen, was das Glück des Individuums sein soll.[107]

1791 wurde die Verfassung mit einem Grundrechtekatalog ergänzt, der sogenannten «Bill of Rights». George Mason (1725–1792) und andere Gründerväter hatten darauf gedrängt, eine «Bill of Rights» schon in die Verfassung von 1787 aufzunehmen. Dieses Unterfangen scheiterte, offenbar aus recht profanen Gründen: Viele Gründerväter waren nach monatelangen Verhandlungen in Philadelphia erschöpft und wollten nach Hause. Es bildete sich jedoch ein Konsens aus, dass es einen Grundrechtekatalog in der Verfassung brauchte. James Madison (1751–1836) machte sich 1788 an die Arbeit.

Die Zusatzartikel zur Verfassung, die «Amendments», sind in unserem Kontext wichtig. Der erste Zusatzartikel gewährt die Meinungs- und Versammlungsfreiheit sowie das Petitionsrecht und schützt die Religionsfreiheit, der zweite unter anderem das Recht, Waffen zu tragen. Auch der vierte Zusatzartikel verteidigt das Individuum vor dem Staat, indem er Durchsuchungen, Verhaftungen und Beschlagnahmungen ohne richterliche Anordnung verbietet. Der fünfte Zusatzartikel hält unter anderem fest, dass der Staat Privateigentum nicht ohne Entschädigung enteignen darf. Und der neunte Zusatzartikel führt aus, dass die aufgelisteten Rechte nicht abschliessend sind und die Bürger noch andere, in der Verfassung nicht aufgeführte Rechte haben. Die Revolution und die Verfassung führten bekanntlich nicht zum sofortigen Ende der Sklaverei, aber sie verankerten die moralischen und politischen Prinzipien, die letztlich dazu führten.

Die Amerikanerinnen und Amerikaner wussten oder spürten zumindest, dass die Amerikanische Revolution viel mehr war als ein Kampf um Unabhängigkeit: Sie war ein Kampf für Freiheit. Freiheit bedeutete für die Revolutionäre das Ende der verkrusteten Autoritäten und Hierarchien und der traditionellen sozialen, politischen und wirtschaftlichen Schranken. In diesem Kampf schrieben der junge Jefferson und die anderen Gründerväter die revolutionäre Unabhängigkeitserklärung und dann eine revolutionäre Verfassung.

Wenn die amerikanische Unabhängigkeitserklärung festhält, dass alle Menschen frei und gleich geschaffen sind, ist dies kein Konstrukt, das sich aus der zeitlichen Distanz dekonstruieren lässt, und auch kein Mythos, sondern ein wirkungsmächtiges, ja geradezu explosives aufklärerisch-liberales Postulat – trotz (oder gerade wegen) der Tatsache, dass die USA immer wieder am Anspruch der Freiheit und Gleichheit für alle gescheitert sind. Die amerikanische revolutionäre Idee setzte bei den Menschen ungeheure Energien frei, gerade auch im unternehmerischen Bereich. Sie war die Grundlage für den Aufstieg der USA zur globalen wirtschaftlichen Supermacht, für Innovation und für Wohlstand.

Es ist auch nicht erstaunlich, dass sich Martin Luther King (1929–1968) explizit auf den revolutionären Kern der amerikanischen Idee berief: «Als die Architekten unserer Republik die grossartigen Worte der Verfassung und der Unabhängigkeitserklärung schrieben, zeichneten sie damit einen Schuldschein, der an jeden Amerikaner vererbt wird. Dieser Schuldschein ist das Versprechen an alle Menschen, schwarze wie weisse, dass ihre unveräusserlichen Rechte auf Leben, Freiheit und Streben nach Glück garantiert sind».

Wenn wir von Renegaten, Outlaws und Einzelgängern der Freiheit sprechen, die sich gegen die Masse stellen, müssen wir unweigerlich etwas zur Zeit des Dritten Reiches und der Shoah sagen. Hier zeigt sich paradigmatisch, was passiert, wenn eine Gesellschaft gleichschaltet und «vermasst» wird und wie ausgesprochen selten jene sind, die nicht mitschwimmen im Mahlstrom. Und noch seltener waren jene, die den Exit wählten oder gar ihre Voice gegen das System fanden. Die meisten dieser Menschen zahlten den ultimativen Preis.

Die deutschen Historiker Frank Bajohr und Dieter Pohl haben festgehalten, dass es gegen die Politik des NS-Regimes und seiner Verbündeten und Helfershelfer gegen die Juden stets «abweichende Stimmen [gab], die moralische Bedenken äusserten und vor allem gewalttätigen antijüdischen Aktionen ablehnend gegenüberstanden». Doch es steht ausser Frage, dass sich zunehmend ein gesellschaftlicher Konsens für den Judenmord herauskristallisierte. Verfolgung und Deportation fanden in aller Öffentlichkeit statt. Die nach dem Krieg von vielen geäusserte Behauptung, man habe nicht wissen können, wohin die Juden gebracht worden seien und was mit ihnen geschehen sei, ist eine Lüge.

Im Osten fand der Massenmord an rund drei Millionen Jüdinnen und Juden in Konzentrations- und Vernichtungslagern statt, die keineswegs hermetisch von der Aussenwelt abgeschirmt waren. Eine Million Jüdinnen und Juden starben in Ghettos oder Lagern an Krankheiten oder Hunger, mussten sich zu Tode arbeiten, wurden ermordet. Nochmals zwei Millionen Jüdinnen und Juden wurden erschossen und in unzähligen Massengräbern verscharrt. All das geschah nicht im Geheimen. «Man» wusste in Deutschland, aber auch in den besetzten Gebieten sehr wohl Bescheid. Die grosse Mehrheit – die Masse – begrüsste den Massenmord.[108] Der deutsche Historiker Peter Longerich spricht von einer «sichtbar zur Schau getragenen Indifferenz und Passivität», die es dem Einzelnen erlaubte, «sich jeder Verantwortung für das Geschehene durch ostentative Ahnungslosigkeit zu entziehen».[109] Der französische Philosoph Paul Ricoeur (1913–2005) prägte den hier treffenden Begriff des

«Nicht-Wissen-Wollens»,[110] der es dem Individuum ermöglicht, nichts sagen zu müssen, also keine Stimme zu suchen und zu finden, und in der Masse mitzumarschieren.

Während Teilaspekte von Daniel Jonah Goldhagens Werk «Hitlers willige Vollstrecker» von 1996 aus guten Gründen kritisiert worden sind – so war der eliminatorische Antisemitismus keineswegs eine deutsche Besonderheit –, verwies der amerikanische Historiker zurecht darauf, dass der Vernichtungswille mitnichten einer fanatischen nationalsozialistischen Elite vorbehalten, sondern breit und tief in der deutschen Bevölkerung verankert war.[111] Wäre dies nicht der Fall gewesen, wäre der Holocaust kaum in seiner ganzen Radikalität umsetzbar gewesen.

Dies zeigt auch die bahnbrechende Studie des britischen Historikers Christopher Browning mit dem Titel «Ganz normale Männer. Das Reserve-Polizeibataillon 101 und die ‚Endlösung' in Polen».[112] Der Titel ist selbsterklärend. Es waren «normale» deutsche Männer, die im Osten Europas massenweise jüdische Männer, Frauen und Kinder erschossen. Bei diesen Massenerschiessungen verwischte sich bisweilen auch die feinsäuberliche Kategorisierung von Raul Hilberg von Tätern und Zuschauern.[113] Eine amorphe Masse trug in unterschiedlicher Form und Intensität zum Holocaust bei. Das deutsche Projekt des Holocaust, das zu einem paneuropäischen expandierte, gab dieser Masse eine Richtung und ein Ziel. Jenseits dieser Masse blieb sehr wenig übrig.

Ohne hier in die Details gehen zu können, verweise ich auf die unzähligen lokalen Massaker an

Jüdinnen und Juden im «Grenzland» oder – um mit Timothy Snyder zu sprechen – in den «Bloodlands» im Osten Europas vom Baltikum bis zum Schwarzen Meer. Lokale Akteure in Dörfern und Städten, aus denen sich die sowjetische Gewaltherrschaft mit dem Beginn der Operation Barbarossa im Sommer 1941 zurückgezogen hatte und in die die Wehrmacht und verbündete Armeen – nicht nur, aber insbesondere die rumänische – noch nicht einmarschiert waren oder gerade einmarschierten, nutzten das Vakuum, um jüdische Nachbarn umzubringen – nicht, weil sie dazu gezwungen worden wären, sondern weil sie es wollten.

Dieser «intimen Gewalt» ging nahezu immer und überall eine mehr oder weniger spontane Gruppenbildung voran.[114] Eine euphorisierte Masse stürzte sich auf die Jüdinnen und Juden, mordete und raubte, aus einem Mix von Motivationen und schlicht darum, weil sie es konnte. Widerstand gegen diese Mordaktionen gab es kaum. Nur in ganz wenigen Dörfern stellte sich ein Priester oder ein Bürgermeister gegen die Masse und verhinderte im Kleinen und meist nur vorübergehend den Massenmord. Nach der kurzen Zeit des Vakuums marschierten die Wehrmacht und mit ihr verbündete Armeen ein, erschossen massenhaft Jüdinnen und Juden. Es begannen die Ghettoisierung und wiederkehrende «Aktionen» und schliesslich die Massendeportationen in die Konzentrations- und Vernichtungslager.[115]

Auch in dieser Extremsituation des Holocaust gab es Menschen, die den Exit wählten oder sogar ihre Voice fanden. Es handelte sich um Jüdinnen und Juden, die sich zum Beispiel in Ghettoaufständen wehrten und andere Jüdinnen und Juden zu schützen und in Sicherheit zu bringen versuchten. Es handelte sich auch um nichtjüdische Einzelpersonen, die Jüdinnen und Juden retteten und von Yad Vashem später als Gerechte unter den Völkern geehrt wurden, und um Menschen wie Dietrich Bonhoeffer (1906–1945), die sich aus tiefer Überzeugung grundsätzlich gegen das NS-Regime und seine Vernichtungspolitik stellten.

Der junge Theologe Bonhoeffer und (wenige) andere konnten es nicht mit ihrem Gewissen vereinbaren, mitzumarschieren und nichts zu sagen und nichts zu tun. Sie fanden ihre Stimme angesichts der Ungeheuerlichkeit dessen, was um sie herum geschah. Sie lösten sich aus der Masse und fanden in ihrer Voice und im Anderssein ihre Freiheit: «Das abweichende Gewissen stellt nicht nur die Grundlage der individuellen Freiheit dar, sondern auch den letzten Rest der Fähigkeit, angesichts des ansonsten überwältigenden Drucks und des Unrechts Gutes in der Welt zu tun».[116]

Bonhoeffer sprach sich ab Frühling 1933 gegen die Judenverfolgung aus. Er war ein wichtiger Vertreter der Bekennenden Kirche. 1940 erhielt er Rede-, 1941 Schreibverbot. Bonhoeffer wurde am 5. April 1943 verhaftet. Zwei Jahre später wurde er als eine der letzten Personen, die mit dem Attentat gegen Hitler vom 20. Juli 1944 in Verbindung gebracht wurden, auf ausdrücklichen Befehl des Führers exekutiert.

In der Sowjetunion zeigten sich Muster der Gleichschaltung, Propaganda, Repression und Zentralisierung der Informationsnetzwerke nicht unähnlich jenen im Nationalsozialismus – was nicht erstaunt, weil beide Systeme bei all ihren Unterschieden doch die Gemeinsamkeit der totalitären Verfasstheit teilten. Das Individuum und die abweichende Meinung stellten für das System eine existenzielle Bedrohung dar.[117] Die Menschen waren und sind in autoritären Systemen – wie es die ukrainische Nobelpreisträgerin Oleksandra Matwijtschuk schreibt – «Objekte der Kontrolle», denen die Freiheit gänzlich verweigert wird.[118]

Der Habitus des Einzelgängers, des Outlaws und des Renegaten konnte in der Sowjetunion und ihren Satellitenstaaten unter keinen Umständen toleriert werden, ja diese Typen durften recht eigentlich gar nicht existieren. Die Kontrolle «bis in die letzte Kleinigkeit hinein» (Yuval Noah Harari)[119] und die totale Meinungsüberwachung erstreckten sich – wie Friedrich A. Hayek 1944 schrieb – auf alles, auch «auf Gegenstände, die zunächst politisch bedeutungslos zu sein scheinen». Im Totalitarismus darf es «keine spontane, ungelenkte Tätigkeit geben, weil sie zu Ereignissen führen könnten, die sich nicht voraussehen lassen» und die dem System zuwiderlaufen.[120]

Die Sowjetunion baute rasch einen umfassenden Kontroll- und Repressionsapparat gegen Andersdenkende und -handelnde auf, der im weit vernetzten Straflagersystem des Gulags kulminierte. Alexander Solschenizyn (1918–2008) beschrieb den Gulag aus eigener Erfahrung in seinem Monumentalwerk «Archipel GULAG» von 1973 als einen integralen Bestandteil des Sowjetsystems. Zwischen 20 bis 30 Prozent der Insassen des gigantischen Systems von Straflagern waren «politische» Häftlinge. Genaue Zahlen gibt es nicht, aber es wird davon ausgegangen, dass auf dem Höhepunkt des Lagersystems Anfang der fünfziger Jahre rund 2,5 Millionen Menschen im

Gulag inhaftiert waren und allein von 1930 bis 1953 20 Millionen Menschen Opfer der stalinistischen Repression wurden. In der Häftlingspopulation waren die unteren sozialen Schichten (Kolchosbauern und Arbeiter) quantitativ die mit Abstand stärkste Gruppe, und Intellektuelle und Akademiker waren leicht überrepräsentiert. Ab dem Ende des Zweiten Weltkrieges waren Häftlinge aus dem Baltikum und der Ukraine proportional übervertreten.[121]

Oft genügte die kleinste Andeutung von Dissens, von Anderssein und einer Meinung, die nicht jener des Systems entsprach, um verhaftet zu werden und für ein paar Jahre oder für immer in den Gulag zu verschwinden. Auch Menschen, die sich im Rahmen dessen äusserten, was sie als für das System annehmbar erachteten, waren nicht sicher vor der Verfolgung. Denn das System änderte sich laufend und passte sich neuen Herausforderungen und Vorgaben an, und was am Tag X gesagt werden durfte, war am Folgetag ein Grund für eine Verhaftung.

Der ukrainische Schriftsteller Vasyl Stus (1938–1985), der 1985 nach mehr als zehn Jahren im Gulag im Lager Perm-36 umkam, beschrieb eindringlich diese wiederkehrenden Häutungen. «Wahrheit» wurde vom System laufend neu definiert, was nicht zuletzt das Ziel hatte, den Sowjetmenschen zu brechen: «Man stelle sich die verletzliche Seele eines sowjetischen Schülers vor, der sich während zehn Jahren Schule mehrfach häuten muss. An einem Tag akzeptiert er in gutem Glauben das, was er schon am nächsten Tag wieder aufgeben muss, ja, was er am nächsten Tag verfluchen wird. [Diese] Traumata führen zum Wahnsinn, zu Boshaftigkeit, sie zersetzen die ehrlichsten Menschen, sie zersetzen sie von innen, sie kultivieren arglistiges, kleinliches Kalkül und höchste Skrupellosigkeit».[122]

Dann gab es in der Sowjetunion trotz allem jene wenigen, die tatsächlich Dissidenten waren und im (vermeintlich) Versteckten oder ganz offen gegen das System dachten, sprachen, schrieben und handelten, die nicht mitmarschierten und nicht mitheulten. Der sowjetische Dissident (wie die Dissidentin in jedem anderen autoritären oder totalitären System) oder, um bei unseren Kategorien zu bleiben, der Renegat und der Outlaw war so «jemand, der Uniformität nicht als einen Selbstzweck anerkannte» (Timothy Snyder) und bereit war, für seine Werte ins Gefängnis zu gehen.[123]

Ich streife hier kurz das Beispiel eines Typus von Dissidenten, die im Gulag landeten, nämlich ukrainische Intellektuelle. Ende der zwanziger und in den dreissiger Jahren entwickelte sich eine freiheitliche Bewegung, die sich mit ukrainischer Geschichte, Kultur, Literatur und Identität auseinandersetzte.[124] Diese Bewegung, die nicht zufällig als ukrainische Renaissance oder Moderne bezeichnet wurde, griff auf sehr viel ältere nationale ukrainische Narrative, Denker und Poeten wie den ukrainischen Nationaldichter Taras Schewtschenko (1814–1861) und die zum Teil verworrenen, aber sehr wohl existierenden Stränge der ukrainischen Geschichte zurück.[125] Die Vision dieser Bewegung war die Wiedererweckung ukrainischer kultureller und politischer Eigenständigkeit und Strahlkraft, die Johann Gottfried Herder (1744–1803) in seinem «Journal» von 1769 so beschrieben hatte: «Die Ukraine wird ein neues Griechenland werden [. . .]: ihre Grenzen werden sich bis zum Schwarzen Meer hin erstrecken und von dahinaus durch die Welt».[126]

Die Bewegung der ukrainischen Renaissance und die vom Regime geförderte oder zumindest geduldete Ukrainisierung und sogenannte Einwurzelung waren äusserst produktiv, aber auch kurzlebig. Die Mitglieder der Bewegung wurden innerhalb weniger Jahre zu Outlaws, die an den Rändern der Gesellschaft weiterarbeiteten, aber zunehmender Repression und Kriminalisierung ausgesetzt waren. Die vom Stalin-Regime angefachte Hungersnot 1932/33 – bekannt als Holodomor[127] – mündete «fast übergangslos» in die Massenliquidierung der ukrainischen Nationalkommunisten 1934 und in den Massenmord an den ukrainischen Intellektuellen 1937.[128]

In den sechziger und siebziger Jahren lebte die «Erschossene Renaissance» in der ukrainischen Sowjetrepublik wieder auf. Wiederum handelte es sich um Intellektuelle, vor allem um Literaten, die – lose zusammengefasst in der «1960er-Gruppe» – Widerstand gegen die Schattenseiten der autoritären Modernisierung von oben leisteten, Freiheiten und Menschenrechte einforderten und die soziokulturelle und nationale Eigenständigkeit der Ukraine wiederentdeckten. Dass die «Vordenker der ukrainischen Widerständigkeit» auch und gerade aus der industriellen Ostukraine kamen, ist nur auf den ersten Blick überraschend.[129]

Einer der wichtigsten Vertreter der «1960er-Gruppe» war der Schriftsteller Vasly Stus (1938–1985). Geboren wurde Stus in eine Bauernfamilie im südwestukrainischen Podolien. Seine Eltern übersiedelten kurz nach Vasyls Geburt nach Stalino (heute Donetsk), wo es für den Vater Arbeit und ein bescheidenes Auskommen gab. Stus' Eltern war die Bildung sehr wichtig, und sie taten alles, um Vasyl ein Leben zu ermöglichen, das ihnen verwehrt geblieben war.[130] Während dem Studium und dem Militärdienst fand Stus zur Literatur und übersetzte zum Beispiel Goethe und Rilke ins Ukrainische. Nachdem Stus 1965 an einem Protest gegen die Inhaftierung ukrainischer Intellektueller teilgenommen hatte, verlor er seine Stelle und musste sich mit Gelegenheitsjobs durchschlagen. Er habe – so erklärte Stus – nicht stumm bleiben können: «Unter diesen Umständen ist Schweigen ein Verbrechen. [. . .] Ich konnte es nicht ertragen. Ich konnte nicht schweigen».[131]

Damit wurde Stus zum Outlaw. Er wurde vom System geächtet und drangsaliert. Seine Gedichte konnten in der Sowjetunion nicht publiziert werden. Aber Stus hatte seine Stimme gefunden. Er konstatierte einen ukrainischen Minderheitskomplex, der dem aggressiven russischen Imperialismus geschuldet sei, der wiederum «die ukrainische Nation moralisch verkrüppelt hat».[132] Stus betonte immer, dass er kein Nationalist sei. Er stelle sich konsequent gegen den Narzissmus, den Antisemitismus und die Hinterhof-Engstirnigkeit gewisser Ukrainer. Gleichzeitig stemme er sich gradlinig gegen die Herabsetzung der ukrainischen Sprache, Kultur und Geschichte und die Respektlosigkeit gegenüber der Arbeit der Bauern. Er sei immer auf der Seite des Schwächeren, Ehrlicheren, Prinzipientreueren und Mutigeren.[133]

Stus zeichnete sich durch einen starken Individualismus aus und verweigerte sich den Usanzen und den systemischen Anforderungen und Grenzen, obschon oder gerade weil er durchaus dem Sozialismus verpflichtet blieb.[134] Er plädierte geradezu paradigmatisch für Eigenständigkeit und Freiheit: «Ich bin kein Roboter. Ich weiss, dass das Recht, frei zu denken und seine eigenen Gedanken zu äussern, eine biologische Fähigkeit ist, die nicht kontrolliert und durch Dekrete limitiert werden kann».[135]

Stus forderte Demokratie im Sozialismus. Das Sowjetsystem habe mit Sozialismus längst nichts mehr zu tun, sondern sei «moderner Absolutismus, der Chauvinismus, Heuchelei, Verrat» verbreite, und zur Diktatur geworden.[136] Ab 1972 wurden ukrainische Intellektuelle vom Sowjetregime zunehmend als Outlaws betrachtet, verhaftet und verurteilt.[137] Stus wusste instinktiv, dass wieder 1937 war.[138] Von 1972 bis 1979 musste Stus im Gulag schuften. Nach einem halben Jahr in Freiheit wurde Stus 1980 erneut verhaftet und zu zehn Jahren Zwangsarbeitslager und fünf Jahren Verbannung verurteilt. Er kam im Lager Perm-36 in Sibirien ums Leben.

Auch in der Gegenwart finden wir Renegaten, Outlaws und Einzelgänger in autoritären Systemen. Nicht immer kennen wir ihre Namen. Meist sind sie marginal. Der deutsche Autor Kai Strittmatter greift explizit auf Orwells «1984» und Huxley zurück, wenn er beschreibt, wie China «zu Hause an dem perfekten digitalen Überwachungsstaat» arbeitet und chinesische «Seeleningenieure» am «neuen Menschen» «basteln». Das Ziel der chinesischen Führung sei das «Brechen von Abweichlern, ihre öffentliche Demütigung», die Gedankenkontrolle durch «das unaufhörliche Bombardement» mit gezielten Botschaften und das Aussperren von unliebsamen Messages.[139]

Der in den USA lebende chinesische Menschenrechtler Xiao Qiang beschreibt, wie sich die chinesische Kommunistische Partei in den letzten zwei Jahrzehnten das Internet, Big Data und die expandierende Überwachungsinfrastruktur mit Kameras und Gesichtserkennungssoftware zunutze gemacht habe, um die eigene Macht zu sichern und Widerspruch und Abweichung im Inland, aber zunehmend auch im Ausland im Keim zu ersticken.[140] Die Super-App WeChat sei das zentrale Instrument des Trackings und der Überwachung.[141] Auch die historischen Fakten würden, «wenn nötig, ununterbrochen geändert, ausgetauscht und beseitigt».[142] AI steigere die Möglichkeiten der Repression und Kontrolle exponentiell.[143]

Der chinesische Künstler und Dissident Ai Weiwei ist der Meinung, dass in China, aber keineswegs nur dort, der Mensch immer mehr im Staat verschwinde: «Was der Mensch verliert, gewinnt der Staat».[144] Das chinesische politische System strebe «höchstmögliche Kontrolle über das Leben der Massen und des Individuums» an: «Der Totalitarismus als Regierungsform verneint die Rechte des [Einzelnen] und beraubt ihn seiner Freiheit». Dies geschehe mithilfe einer «Propagandamaschinerie, die keine abweichenden Meinungen gestattet und gleichzeitig unablässig Tatsachen modifiziert oder verschweigt»: «Unter Anwendung ausgefeilter Formen politischer Gehirnwäsche [sollen] die Sphären des gesellschaftlichen Denkens vereinheitlicht werden, bis zur völligen Abwesenheit von gesellschaftlichem Diskurs und Kontroverse». Für die Kontrolle der Privatsphäre stünden dem Staat nie dagewesene Mittel zur Verfügung.

In einem solchen System – so ist Ai Weiwei überzeugt – gibt es «nur ein Denken, nur eine Sichtweise, einen Weg»: «Alles, was nicht damit übereinstimmt, [. . .] wird streng durch das Sieb des Despotismus gefiltert». Das Individuelle sei böse und antisystemisch und müsse verbannt werden. So kannte Ai Weiwei nicht einmal die Geburtstage seiner Eltern. Die Vergangenheit werde «hochgradig politisiert». Die Führung der Kommunistischen Partei wolle die Deutung der Geschichte «selbst bestimmen, ungeachtet historischer Fakten».[145] Wer die offizielle Version der Geschichte nicht mittrage, werde des historischen Nihilismus beschuldigt.[146]

Seinen Kampf für die Freiheit nahm der 1958 geborene chinesische Poet Liao Yiwu 1989 auf, als er kurz nach der traumatischen Erfahrung der Niederschlagung der Studentenbewegung auf dem Platz des Himmlischen Friedens das Gedicht «Massaker» veröffentlichte und dafür im März 1990 verhaftet und zu vier Jahren Haft verurteilt wurde.[147] Nach seiner Verlegung 1992 in ein anderes schwer bewachtes Gefängnis, wo «eine Menge politische Gefangene des 4. Juni», aber auch sogenannte Konterrevolutionäre «aus den 50er, 60er, 70er und 80er Jahren», «die sich in diesem bodenlosen schwarzen Loch» «verzweifelt durchkämpften, aber einfach vergessen worden waren», eingesperrt waren, begann Liao mit dem Schreiben.[148]

Getrieben wurde Liao auch von der Angst vor dem Vergessen: «vergessen zu werden von den eigenen Freunden, vergessen zu werden von allen und am Ende vergessen zu werden von sich selbst».[149] Für Liao ist klar, dass der Held – «ob es sich um ameisenhaft kleine Leute handelt oder um einen Friedensnobelpreisträger», der dafür ins Gefängnis geht, dass sein «Vaterland den Weg Richtung Demokratie nimmt» – im 21. Jahrhundert «mit seiner Gewöhnlichkeit und seiner Grausamkeit» nicht mehr gefragt ist.[150]

Für viele ist der Preis für den Widerstand tatsächlich zu hoch. Der Freiheitskämpfer spürt, dass er wenig erreicht. Er ist frustriert, traurig, will aufgeben. Das totale «Rund-um-die-Uhr-Überwachungssystem» zermürbt ihn.[151] Aber da ist eben doch ein Hoffnungsschimmer: Es ist die Hoffnung oder die Aussicht auf den Tag der Richtigstellung und der Rehabilitation, denn «alle ihre Verbrechen wurden aufgezeichnet».[152] Wann dieser Tag kommt, ist indes völlig offen. Dem Outlaw bleibt nur der Gedanke daran und die Hoffnung darauf.

Auch in Russland ist der Raum für das Individuum in den vergangenen zwanzig Jahren sukzessiv eingeschränkt worden. Abweichungen vom staatlich definierten Mainstream werden kriminalisiert. Unabhängige nichtstaatliche Organisationen wurden verboten – darunter auch die Nichtregierungsorganisation Memorial, die sich für die Menschenrechte, vor allem aber für die Dokumentation und Aufarbeitung der sowjetischen Geschichte, insbesondere des Gulags, einsetzte.[153] In ihren Archiven sammelte Memorial Dokumente aus dem sowjetischen Gulag, aber zum Beispiel auch zu den sogenannten Ostarbeiterinnen und Ostarbeitern. Memorial führte Informationsveranstaltungen durch, arbeitete mit Schulen und Universitäten zusammen, organisierte Ausstellungen und errichtete bei früheren Lagern und Massengräbern Gedenksteine oder -tafeln.[154] Ende 2021 verordnete das Oberste Gericht Russlands die Auflösung von Memorial.

In der Sowjetunion wurde – wie wir oben gesehen haben – die Geschichte systematisch als Herrschaftsinstrument eingesetzt. Die dunklen Schatten der Vergangenheit von der Kollektivierung der Landwirtschaft und dem Holodomor über den Grossen Terror bis hin zum Gulag wurden tabuisiert. Mit Glasnost in den späten achtziger und in den frühen neunziger Jahren kam es zu einer kurzen Phase der relativen Öffnung. Gewisse Archive wurden für die Forschung zugänglich, die Verbrechen der Vergangenheit konnten thematisiert werden.

Doch die restaurative Wende liess nicht lange auf sich warten. Geschichte sollte der «patriotischen Erziehung» dienen. Für Selbstkritik und Aufarbeitung der Vergangenheit gab es immer weniger Raum.[155] Die staatliche Kontrolle der Geschichte wurde ab 2007 verstärkt. Seit 2020 steht in der russischen Verfassung, dass der Staat den «Schutz der historischen Wahrheit» gewährleistet. Russische Lehrbücher triefen nun von «glückseliger Retro-Utopie» (Andrei Kolesnikov).[156] Mit der Umdeutung der Geschichte wurde auch der Grundstein gelegt für den Krieg gegen die Ukraine.[157] Sie geht einher mit dem Versuch, «eine Kultur zu zerstören, die an etwas Utopisches und Imaginäres appelliert». Es ist das Bestreben, «sich nicht nur die Gegenwart, sondern auch die Vergangenheit anzueignen und zu unterwerfen».[158]

Wer sich in Russland abweichend äussert, riskiert lange Haftstrafen. Einer, der es gewagt hatte, war der Oppositionelle Vladimir Kara-Murza. Er kehrte mehrfach aus dem Exil nach Russland zurück, wurde zwei Mal vergiftet und bei einem erneuten Besuch in Moskau im April 2022 verhaftet und später wegen angeblichen Hochverrats wegen seiner öffentlichen Kritik am Ukraine-Krieg zu 25 Jahren Strafkolonie verurteilt. In seinem Schlussplädoyer am 10. April 2023 vor dem Moskauer Stadtgericht sagte Kara-Murza: «Aber ich weiss, dass der Tag kommen wird, an dem sich die Dunkelheit über unserem Land auflösen wird. Dann wird schwarz wieder schwarz und weiss wieder weiss genannt werden, dann werden die offiziellen Stellen zugeben, dass zwei plus zwei vier sind. Dann wird der Krieg wieder Krieg und der Usurpator wieder Usurpator genannt werden».[159] Anfang August 2024 wurde Kara-Murza in einem Geisel- und Gefangenendeal freigelassen.

Sehenden Auges ins Straflager zu gehen, «vielleicht in die Vergessenheit», lässt den Menschen in der selbstverständlich gewordenen Freiheit verwundert oder gar angewidert zurück. Es kann irrational anmuten, «fast märtyrerhaft für das Festhalten an seinen Überzeugungen seine Freiheit» zu riskieren und «den Weg durch die Nacht» zu wählen – wie es der Schweizer Journalist Markus Ackeret mit Blick auf Kara-Murza, Ilja Jaschin und Alexei Nawalny formuliert hat. Diese Oppositionellen nehmen «für die Freiheit die Unfreiheit in Kauf».[160]

Wir können also festhalten, dass autoritäre und totalitäre Regierungen gegen jede Regung abweichender Individualität vorgehen, jede Äusserung von Dissens anfechten und jeden, der auch nur im Entferntesten ein Renegat, ein Outlaw oder bloss ein Einzelgänger sein könnte, bekämpfen. Gewalt ist die Methode dieser Regime, um Freiheit und Individualität, die als Bedrohung gesehen werden, im Keim zu ersticken. Um mit Ernst Jünger zu sprechen: «Welch ein befremdender Anblick, diese hochgerüsteten, im Besitz aller Machtmittel sich brüstenden Staaten zugleich so überaus empfindlich zu sehen».

Wenn der Einzelne den Kampf gegen den autoritären Staat oder gar das Imperium aufnimmt, dann ist das also nichts anderes als ein Hasardspiel. Doch auch wenn in diesem Spiel die Kräfteverteilung völlig asymmetrisch ist, muss der Einzelne – wie wir bei Ernst Jünger sehen werden – nicht unbedingt verlieren. Und genau darum geht es in diesem Buch auch: Der Einzelgänger, der Outlaw und der Renegat können etwas bewirken – auch wenn sich diese Wirkung selten bis nie unmittelbar einstellt und vielleicht auch mittel- und langfristig beschränkt bleibt. Und bisweilen ist schon nur die Tatsache, gegen den Strom zu schwimmen, gut, schön und sinnhaft.

Wie steht es um den Einzelgänger, Renegaten und Outlaw in unserer heutigen liberalen Demokratie? Hier sollten es diese drei Typen am einfachsten haben. In der liberalen Demokratie – die beste Garantin für Freiheit und Pluralismus – muss es doch möglich sein – wenn auch nicht einfach –, gegen den Strom zu schwimmen, der hier weniger reisst?

Doch auch in der liberalen Demokratie kann es für den Einzelgänger, den Renegaten und den Outlaw angesichts der oben dargelegten Megatrends ungemütlich werden. Denn die liberale Demokratie ist – wie wir gesehen haben – vielerorts unter Druck.[161] Die Freiheit ist immer bedroht.[162] Und überall dort, wo die Demokratie erodiert, kommen auch das Individuum und der Renegat und der Outlaw unter Druck. Tatsächlich haben sich in unseren Demokratien die Räume für Widerspruch und Abweichung verengt.[163] Die (digitale) Überwachung nimmt zu – zum Beispiel der Einsatz von Gesichtserkennungssoftware in Flughäfen, in Bahnhöfen oder im Strassenverkehr.[164] Die sozialen Medien sind zu einem eigentlichen Schlachtfeld geworden.[165] Viele junge Menschen versuchen primär, sich als «Follower» politisch und sozial einzuordnen und sich ja nicht von der Peer-Gruppe abzuheben mit einer eigenen prononcierten Meinung.[166]

Auf der einen Seite stehen ein Mix von «Theorien» wie Postkolonialismus, Poststrukturalismus, Dekonstruktivismus und Wokeismus und Identitätspolitik. Die woke Vogue ähnelt – wie der amerikanische Linguist und Historiker John McWorther feststellt – einer Religion mit einem eigenen Katechismus.[167] Der deutsche Publizist Josef Joffe sieht im Wokeismus «eine Attacke gegen das Beste im Westen: Renaissance, Aufklärung, Liberalismus».[168] Entsprechend sind an die Stelle intellektueller Offenheit, der Neugier, der Lust an der Diskussion und am Wettstreit der Ideen und Argumente ideologische Abschottung, antiaufklärerischer Aktivismus, Glaubensbekenntnisse, «starre und vereinfachende Denkmuster»,[169] das ritualisierte Signalisieren von (angeblichen) Tugenden getreten.

Der Kunsthistoriker Jörg Scheller spricht prägnant von «Menschenmarkiererei und Menschensortiererei und Menschenklassifiziererei nach Ethnien» oder nach anderen Kategorien.[170] Pluralismus soll ersetzt werden durch gedankliche und argumentative

Homogenität. Das Ich muss aufgehen im Kollektiv. Wer von der Religion abweicht, muss exkommuniziert werden. In dieser schönen neuen «Welt dogmatischer kultureller Narrative» bleibt wenig Raum für (geistige) Freiheit.[171]

Die gesellschaftliche und politische Polarisierung wird durch die sozialen Medien potenziert. Viele bewegen sich in den sozialen Medien in politisch und soziokulturell weitgehend uniformen und eindimensionalen Parallelwelten und Echokammern. Menschen, die nicht genehme Meinungen vertreten, werden überschrien, vom Mob an den Pranger gestellt und «gelöscht» («canceled»).[172] Karrieren werden so ruiniert. Diese Un-Kultur des «Löschens» oder «Annullierens» «erlaubt nur mehr eine einzige Geschichte [und ist] eine Art Hyperzensur».[173] Kollektive kämpfen für ihre partikularen Gruppeninteressen.[174] Das Individuum wird im Mahlstrom der Identitätspolitik weggespült.

Doch auch auf der Gegenseite ist zum Teil als Reaktion auf den Wokeismus, zum Teil als eigenständige Bewegung ein identitärer Kollektivismus entstanden, der Debatten vermeidet und sich Verschwörungstheorien ergibt.[175] Auch hier – bei der woken Rechten und darüber hinaus – sind Widerspruch und Debatten nicht gefragt.[176] Vielmehr wird die Perspektivenvielfalt erstickt und die «Homogenität im kollektiven Denken» zelebriert.[177]

Diese rechts-woke Bewegung driftet bisweilen in eine antisemitische Mannosphäre ab, zelebriert Ignoranz und versucht sich im Umschreiben der Geschichte – Hitler war nicht so schlecht, Churchill war der Bösewicht, der Holocaust fand nicht statt. Diese Bewegung stützt sich in den USA auf ein Netzwerk von Podcasts von Influencers – von «Podcast-König» Joe Rogan oder Tucker Carlson. Dieses Netzwerk erreicht heute viel mehr Menschen als die sogenannten Mainstream-Medien. Diese Podcasts sind auch Plattformen für Holocaustleugner, Antisemiten und andere Extremisten.[178]

Der Druck auf die Demokratie kommt also primär von innen. Die globale demokratische «Rezession» ist auf verschiedene Faktoren und tatsächliche oder perzipierte Defizite der Demokratie zurückzuführen.[179] Eine übertrieben euphorische Haltung gegenüber der Demokratie nach 1989 ist in eine ebenso verzerrt pessimistische gekippt. Die These der «Entzauberung der Demokratie» ist genauso deplatziert wie diejenige vom angeblich unaufhaltsamen demokratischen Siegeszug.[180] In vielen Demokratien machen sich Selbstzufriedenheit und (Werte-)Relativismus oder aber Selbstzweifel und Defätismus breit. Diese Trends werden verstärkt durch die Fragmentierung und Polarisierung demokratischer Gesellschaften – nicht nur, aber auch wegen der sozialen Medien.[181]

Während Demokratien oft von innen gefährdet sind und erodieren, treten autoritäre Staaten seit einigen Jahren streitbarer auf und stellen sich der liberalen Weltordnung, von der sie selbst jahrzehntelang vor allem wirtschaftlich profitiert haben, und der Demokratie mittlerweile offen entgegen und versuchen, diese mit sogenannter Sharp Power zu unterminieren – durch die Verbreitung von Desinformation, die Einschüchterung von Individuen oder die Diskreditierung von Institutionen, aber auch mit ökonomischen und hybriden Mitteln. Demokratien sollen diskreditiert und autoritäre Modelle als leistungsfähig und attraktiv dargestellt werden.[182] Autoritäre Regimes profitieren dabei von der Asymmetrie, die zwischen freien und offenen und unfreien und geschlossenen Systemen besteht.

Aber um es nochmals zu sagen: Auch in Demokratien mit all ihren Facetten und Nuancen und ihren unterschiedlichen Entwicklungsgeschichten ist die Freiheit unter Druck und nehmen gesellschaftliche und politische Polarisierung und Spannungen zu. Die Digitalisierung spielt hierbei eine entscheidende Rolle. Sie hat zweifellos gewisse positive Auswirkungen. Gleichzeitig führt sie zu einer immer engmaschigeren Kontrolle des Individuums. Jeder Schritt, jede Aktion, jede Äusserung wird aufgezeichnet, ausgewertet und auf uns zurückgespiegelt. Der deutsche Publizist Alexander Grau hat festgehalten, dass die Digitalisierung «die Substanz, den Kern jeder Demokratie» bedroht, nämlich das Individuum. Sie erweise sich immer mehr als ein goldener Käfig, in den wir eingeschweisst würden: «Algorithmen erfassen unser gesamtes Leben, unsere Vorlieben, unser Konsumverhalten. Sie bauen eine Blase aus Gewohnheiten und Denkmustern um uns herum». Die Digitalisierung könne «uns als Person verändern, unser Denken, unsere Gefühle, unsere Wünsche».[183]

Nun mag man einwenden, Wendezeiten und technische, wirtschaftliche und politische Revolutionen hätten schon immer zu Verunsicherungen und Angst, zu Instabilität und bisweilen Konflikt und Krieg geführt. Dies könne aber kein Grund dafür sein, die Digitalisierung zu verteufeln. Sie bringe grosse Vorteile und Chancen mit sich. Das wird hier nicht bestritten. Die Digitalisierung zu beklagen und sie rückgängig machen zu wollen, ist tatsächlich weder zielführend noch möglich. Die Pandorabüchse ist längst offen. Aber zu behaupten, die Digitalisierung sei harmlos und habe keine disruptiven Effekte auf uns alle und auf unsere Freiheit, ist ebenso naiv.

In seinem Buch «Filterworld» beschreibt der amerikanische Journalist Kyle Chayka eine von den sozialen Medien durchdrungene Kultur, die immer homogener wird und ein allgegenwärtiges Gefühl der Gleichheit schafft. Diese Homogenisierung führt zu einer Flachheit der Kultur, aber auch des Lebens.[184] Vielleicht sind wir damit bei Nietzsche angekommen: Ein Leben ohne Passionen und Ideen ist ein flaches Leben.

AI potenziert diese negativen Effekte und wird für die Zukunft eine gewaltige Herausforderung – um nicht zu sagen Gefahr – für die Bewahrung der Freiheit sein. AI ist ein Mahlstrom, der unsere Gesellschaften, die Wirtschaft, aber auch die Politik und die internationalen Beziehungen unterspült und alles mitzureissen droht.[185] AI schafft neue Parallelrealitäten und neue «Wahrheiten». AI macht die Unterscheidung von Informationen und «Informationen» immer schwieriger und gereicht der Kontrolle und Repression zum Vorteil.

Die Politikwissenschaftlerin Sabine Müller-Mall hat eindrücklich herausgearbeitet, wie die Algorithmen die Räume, «in denen zwischenmenschliche Beziehungen gestaltet werden können», verengen. Sie schaffen eine «Logik der Eindeutigkeiten» und «erschweren es uns, unsere ‚Gabe der Freiheit, des Anfangen-Könnens‘ zu gebrauchen». Indem wir uns auf Algorithmen stützen, geben wir einen Teil unserer Mündigkeit auf.[186]

Kenner wie der Philosoph und Physiker Isaac Ben-Israel sind skeptisch, dass sich die AI mittel- und langfristig regulieren und kontrollieren lässt.[187] Diese Vorstellung sei eine Illusion und käme dem Kampf Don Quijotes gegen die Windmühlen gleich. James Barrat sieht in AI gar die letzte menschliche Erfindung.[188] Der amerikanische Journalist Stephen Witt hält es angesichts des exponentiellen Wachstums der Kapazitäten von AI für durchaus denkbar, dass AI bald ein Pathogen designen könnte, das die Welt zerstören würde.[189] Ob man Barrats und Witts Aussagen für übertrieben und reisserisch hält oder nicht: Die Frage, wie die Freiheit im Zeitalter der AI bewahrt werden kann, ist existenziell und die Aufgabe schlechthin der heutigen Renegaten und Outlaws.[190]

Das, was Martin Buber als die «Kollektivierung der Person» bezeichnet hat, ist – wie wir gesehen haben – selbstverständlich kein Problem des frühen 21. Jahrhunderts. Es galt schon immer, dass dann, wenn von «massierten, vermengten, marschierenden Kollektivitäten» die «rechtmässige und inappellable Wahrheit» proklamiert wird, der Einzelne keinen Anspruch mehr hat «auf eine von ihm erkannte und von ihm zu bewährende Wahrheit».[191] José Ortega y Gasset sah die grösste Gefahr für die Zivilisation in der «Verstaatlichung des Lebens», der «Einmischung des Staates in alles» und der «Unterdrückung der historischen Spontaneität»[192] – also der Einschränkung des Anders- und Einzelseins.

Wenn John Stuart Mill für den Schutz gegen die Tyrannei des vorherrschenden Meinens und Empfindens plädiert, wenn er das liberale Grundprinzip beschwört, dass niemand einen Menschen dazu zwingen kann, etwas zu tun oder zu lassen (solange nicht andere dadurch geschädigt werden), wenn er unterstreicht, dass jeder Mensch «über seinen eigenen Körper und Geist» «souveräner Herrscher» ist, verteidigt er genau den Einzelgänger, den Renegaten und den Outlaw. Mill steht auf der Seite derer, die sich nicht vom Strom mitreissen lassen, die nicht mit den anderen mitschwimmen – womöglich noch mit einem Rettungsring –, die nicht Teil des Kollektivs sein wollen und die eine andere Meinung haben (ob sie diese nun äussern oder nicht). Denn Mill weiss, dass das Verbieten einer Meinung oder eines Gedankens und das Unterbinden einer Erörterung eine Anmassung von Unfehlbarkeit ist.[193]

Friedrich Schillers Wilhelm Tell

> *Nein, eine Grenze hat Tyrannenmacht, / Wenn der Gedrückte nirgends Recht finden kann, / Wenn unerträglich wird die Last – greift er / Hinauf getrosten Mutes in den Himmel, / Und holt herunter seine ew'gen Rechte, / Die droben hangen unveräusserlich / Und unzerbrechlich wie die Sterne selbst – / Der alte Urzustand der Natur kehrt wieder.* (Werner Stauffacher in Schillers «Wilhelm Tell»)[194]

Als Einstieg in die Beispiele von Einzelgängern, Outlaws und Renegaten der Freiheit mit Wilhelm Tell zu beginnen, mag auf den ersten Blick überraschen oder gar irritieren. Tatsächlich ist dieses Kapitel ganz am Schluss meiner Recherchen und des Schreibprozesses hinzugekommen. Doch Schillers Tell ist in vielerlei Hinsicht ein Idealtyp eines schweigenden Einzelgängers, der zum Outlaw und dann zum Renegaten gegen die Unfreiheit, ungerechte Ordnung und Unterdrückung wird.

Schillers Theaterstück öffnet im Illouzschen Sinne ein Fenster auf eine Gedankenwelt und auf das Handeln von Akteuren, die sich für die Freiheit einsetzen, was spannend und lehrreich ist.[195] Zudem gibt es für die späte Ergänzung dieses Kapitels auch noch einen ganz profanen Grund: Als ich meine Ansprache zum Schweizer Nationalfeiertag am 1. August 2025 vorbereitete, hatte ich plötzlich das Bedürfnis, wieder einmal Schillers Tell zu lesen. Schiller für eine Rede am 1. August zu zitieren, ist reichlich abgegriffen. Ich habe das dann auch nicht getan. Aber die Lektüre hat sich trotzdem gelohnt, denn «Wilhelm Tell» erwies sich tatsächlich als eine Fundgrube für dieses Buch und gab sogar genug Material für ein eigenes Kapitel her.

In diesem Kapitel geht es wohlverstanden nicht darum, die Mythengeschichte von Wilhelm Tell zu entlarven, die Ikonografie des früheidgenössischen Helden zu dekonstruieren, die mannigfache politische Instrumentalisierung von Schillers Drama zu beklagen[196] oder um die Historizität Tells zu streiten.[197] Vielmehr interessiert hier die Gestalt des Tells in Friedrich Schillers gleichnamigem Drama von 1804.

In Theaterstück Schillers erscheint Wilhelm Tell zuerst als ein Einzelgänger, der zum Outlaw und zum Renegaten der Freiheit wird – bevor er sich dann wieder, ohne in der revolutionären Masse der Eidgenossen im Kampf gegen die Habsburger aufzugehen, in die Berge zurückzieht. Der von Schiller entworfene Habitus von Tell und die Tatsache, dass Tell wenig spricht und vor allem handelt und sogar tötet, machen die Gestalt dieses früheidgenössischen Freiheitskämpfers für uns daher besonders interessant – auch wenn die Tellsche Figur letztlich mehr über Schiller und dessen Zeit und Werte sagt als über einen Tell, den es so sicher nicht gegeben hat.

Schillers Tell kümmerte sich nicht allzu sehr um den Konflikt der Waldstätten mit dem habsburgischen Besatzungsregime und Landvogt Gessler. Er lebte zurückgezogen, «still und harmlos», wie er selbst sagte, in den Bergen mit seiner Familie. Tell fand, es sei «jetzt Geduld und Schweigen» angezeigt: «Ein jeder lebe still bei sich daheim, / Dem Friedlichen gewährt man gern den Frieden». Es sei besser, die Habsburger nicht zu provozieren. Von Widerstand und Rebellion wollte Tell nichts wissen.[198]

Tell erscheint so als ein Einzelgänger, der weder eine Voice hat noch den Exit wählt. Oder wie es Gessler ausdrückte: «Man sagte mir, dass du [Tell] ein Träumer seist, / Du dich entfernst von anderer Menschen Weise. / Du liebest das Seltsame».[199] Nebenbei bemerkt: Interessant und bezeichnend ist, dass der Einzelgänger hier mit dem Seltsamen, mit Träumerei und Distanz von anderen Menschen – sprich mit Misanthropie – in Verbindung gesetzt wird. Tell war zwar tatsächlich ein Einzelgänger. Aber er war weder seltsam noch träumerisch oder misanthropisch. Er liebte seine Familie, die Berge, seine Armbrust und die Jagd. Mehr brauchte Tell nicht.

Wilhelm Tell stand – wie Schiller selbst festhielt, wobei er sich auf seine Konstruktion der Figur im Drama bezog – «ziemlich für sich».[200] Tell fehlt bezeichnenderweise im Haupthandlungsstrang, nämlich der Verschwörung und dem Rütlischwur. Dass Tell gar nicht auf dem Rütli erscheint, ist fast schon schockierend. Aber es ist eben nicht zufällig. Schiller wies Tell in seinem Drama eine Rolle zu, die anders ist als jene aller anderen Figuren im Bühnenstück. Die Heldengeschichte Tells läuft parallel zu jener des Widerstands gegen die Habsburger und der Gründung der Eidgenossenschaft und ist gleichzeitig mit ihr verwoben. Tell steht allein und am Rande und ist doch zentral. Mit der Tat hat er seine Schuldigkeit als Renegat für die Freiheit getan und kehrt zurück zu seiner Rolle als Einzelgänger in den Bergen.

Vom Landammann von Schwyz, Werner Stauffacher, gedrängt, er könne sein Vaterland doch nicht im Stich lassen, und es brauche jeden und vor allem ihn, Tell, um den Habsburgern Stirn bieten zu können, meinte Tell lakonisch, ein «jeder zählt nur sicher auf sich selbst», und der «Starke ist am mächtigsten allein». Jedenfalls liess sich Tell von Stauffacher nicht umstimmen. Er wollte nichts von den Verschwörungsplänen wissen («lasst mich aus eurem Rat»). Immerhin liess der Einzelgänger Tell ein Hintertürchen offen: Wenn es ihn wirklich irgendwann für eine bestimmte Tat brauche, solle man ihn rufen.[201]

Die Führungsriegen der Waldstätten konstatierten derweil, dass die Habsburger ihre Machtstellung kontinuierlich ausbauten und die Repression verstärkten. Die lokalen «Tyrannen reichen sich die Hände». Die Freiheit, die die Waldstätten «von Uralters her» genossen hätten, werde immer mehr beschnitten. Der Urner Bauernführer Walther Fürst sprach gar vom «Grab der Freiheit». Aber auch in der Bevölkerung rumorte es. So erschlug Konrad Baumgarten Wolfenschiessen, den Burgvogt zu Rossberg, mit der Axt im Badezuber. Wolfenschiessen war in Baumgartens Haus eingedrungen und hatte es sich im Badezuber gemütlich gemacht mit der Absicht, sich alsdann an Baumgartens Frau zu vergehen.[202]

Landvogt Gessler machte tatsächlich keinen Hehl daraus, dass er die Daumenschraube weiterzudrehen wollte: «Ein allzumilder Herrscher bin ich noch / Gegen das Volk – die Zungen sind noch frei, / Es ist noch nicht ganz wie es soll gebändigt – / Doch es soll anders werden, ich gelob es, / Ich will ihn brechen diesen starren Sinn, / Den kecken Geist der Freiheit will ich beugen». Denn das «kleine Volk ist uns ein

Stein im Weg – / So oder so – Es muss sich unterwerfen».[203]

Vor diesem Hintergrund bildete sich eine Gruppe von Renegaten aus, die die Rebellion gegen die Habsburger plante. Zuerst war es Gertrud, die Gattin von Stauffacher, die in Worte fasste, was diese Gruppe auszuhecken trachtete: «Drum tät es gut, dass eurer etliche, / Die's redlich meinen, still zu Rate gingen, / Wie man des Drucks sich möchte erledigen». Getrud schloss Waffengewalt zum gespielten Entsetzen, aber eigentlich zur Freude ihres Mannes explizit nicht aus. Das Motto der Renegaten müsse sein: «Eher den Tod, als in der Knechtschaft leben».[204]

Einzig Rudenz, der Neffe des Freiherrs von Attinghausen, stellte sich quer. Rudenz glaubte, damit bei seiner Geliebten, Bertha, einer österreichischen Adligen im Gefolge Gesslers, besser anzukommen – nur um später herauszufinden, dass Bertha die «Seele blutet [um] Euer Volk»: «Ich leide mit ihm, denn ich muss es lieben, / Das so bescheiden ist und doch voll Kraft». Widerstand sei – so zeigte sich Rudenz anfänglich überzeugt – sinnlos und führe zu nichts. Die Welt gehöre dem König: «Sein sind die Märkte, die Gerichte, sein / Die Kaufmannsstrassen, und das Saumross selbst, / Das auf dem Gotthard ziehet, muss ihm zollen. / Von seinen Ländern wie mit einem Netz / Sind wir umgarnet rings und eingeschlossen».[205]

Mit dem Rütlischwur, mit dem kein neuer Bund gestiftet, sondern ein «uralt Bündnis nur von Väter Zeit» erneuert wurde, das aber doch ein Bund von Renegaten war, wurde die Sache besiegelt: «Nein, eine Grenze hat Tyrannenmacht, / Wenn der Gedrückte nirgends Recht finden kann, / Wenn unerträglich wird die Last – greift er / Hinauf getrosten Mutes in den Himmel, / Und holt herunter seine ew'gen Rechte, / Die droben hangen unveräusserlich / Und unzerbrechlich wie die Sterne selbst – / Der alte Urzustand der Natur kehrt wieder».[206] Hier sticht erstens der explizite Verweis Schillers auf unveräusserliche Naturrechte hervor. Zweitens impliziert Schiller, dass im Widerstand der Renegaten der Freiheit gegen den Tyrannen Gewalt zulässig, ja sogar unabdingbar ist.

Allerdings wurde auf dem Rütli beschlossen, mit der offenen Rebellion noch zuzuwarten. Die Mehrheit auf dem Rütli war das Ansicht, dass der richtige Zeitpunkt noch nicht gekommen sei. Doch Schiller beschleunigt die Geschichte, und die Wende kommt schneller als geplant, nämlich mit dem Gesslerhut in Altdorf und dem Apfelschuss. Der Gesslersche Hut war das Symbol der Demütigung und Unfreiheit. Tell ging unachtsam daran vorbei – zumindest behauptete er dies in seinen eigenen Worten: «[aus] Unbedacht, / Nicht aus Verachtung Eurer ist's geschehn» – und wurde von den Wächtern festgehalten, bis Gessler eintraf.[207] Alles Weitere ist (Schillers) Geschichte und wohlbekannt.

Tell wurde zum Outlaw – eben gegen seinen Willen – und dann zum Renegaten, der entschlossen war, sich zu rächen, auch wenn er von Gewissensbissen geplagt wurde. Er war bereit, sich zumindest vorübergehend in den Dienst des Widerstands gegen die Habsburger und ihre Helfershelfer zu stellen. Tell erschoss Gessler in der Hohlen Gasse und gab damit den Startschuss zur offenen Rebellion: «Frei sind die Hütten, sicher ist die Unschuld / Vor dir, du wirst dem Lande nicht mehr schaden». Der «Tag der Freiheit ist erschienen» mit dem Tod des Tyrannen. Die Burgen der Habsburger wurden geschliffen, und «aus dem Innern [wurde] doch der Feind verjagt».[208]

Was bei Schiller besonders interessant ist, ist die Tatsache, dass Wilhelm Tell auch nach der erfolgreichen Rebellion allein und anders bleibt. Der Habitus des Einzelgängers für die Freiheit, der sich auf sich selbst und seine innere und äussere Stärke zurückzieht, ist bei Wilhelm Tell ausgeprägt. Tell ist kein Renegat, der sich als Teil einer breiteren Bewegung sieht. Er war nicht nur nicht auf dem Rütli. Er ging eben auch nicht in der revolutionären Masse auf. In und nach seiner Tat – der Ermordung Gesslers –, die den entscheidenden Impuls gab für die Rebellion, behielt er seine Individualität. Als er seine Schuldigkeit getan hatte, zog er sich zu seiner Familie auf seine Alp zurück – im Wissen, dass er seine persönliche Freiheit wiederhergestellt und als Einzelner seinen Beitrag an die Erneuerung der Freiheit der anderen geleistet hatte und im Geist immer frei war und blieb.

1984, Schöne neue Welt, Fahrenheit 451

Wir müssen alle gleich sein. Nicht gleich und frei geboren, wie es in der Verfassung steht, sondern gleichgemacht. Jeder das Abbild aller anderen; dann sind alle glücklich, denn es gibt keine Berge, vor denen sie sich ducken, an denen sie sich messen müssen. (Captain Beatty in «Fahrenheit 451»)[209]

Eines Tages beginnt der 39-jährige Winston Smith damit, ein Tagebuch zu schreiben. Das Weshalb und Wofür ist ihm selbst nicht ganz klar, vielleicht – so räsoniert er – für «die Zukunft, für die Kommenden»[210], vielleicht weil er es einfach will oder muss. Was als eine banale Entscheidung erscheint, ist – und Winston Smith weiss das – wahrscheinlich sein Todesurteil. Denn der Grosse Bruder ist allgegenwärtig: Er hört und sieht alles.

Es ist im Grossstaat Ozeanien ein Verbrechen, über die Gegenwart, die Vergangenheit, ja sogar über sich selbst nachzudenken und diese Gedanken in ein Tagebuch zu notieren. Dies gilt für jedermann – ausser mutmasslich nicht für die Elite, die im Verborgenen Ozeanien regiert und steuert –, auch oder besonders für Winston Smith, der ein recht harmloser Rebell ohne ein klar definiertes Ziel und ohne einen gesellschaftlichen Gegenentwurf ist und allein und isoliert handelt.[211]

Es gibt in Ozeanien nur eine Wahrheit, die nicht zu debattieren ist und nie und von niemandem in Frage gestellt werden darf: Krieg ist Frieden, Freiheit

Sklaverei, Unwissenheit Stärke. Weil das Regime die Gegenwart kontrolliert, kann es definieren, was die Vergangenheit ist, und wer die Vergangenheit kontrolliert, kontrolliert die Zukunft. Das Regime definiert auch, was wie in «Neusprech» gesagt werden darf, denn die Kontrolle der Sprache ist Macht.

Das Wahrheitsministerium mit seinem Heer von willfährigen und gleichgeschalteten Spitzeln und Folterknechten und seinen unbegrenzten technologischen Fähigkeiten der Überwachung und Repression stellt sicher, dass es keine Abweichungen gibt. Sollte es doch irgendwann einen «Fehler im Muster» geben, dann wird dieser ausgemerzt. Die Ausrottung ist radikal und total: «Nichts von Ihnen wird übrig bleiben; kein Name in einem Verzeichnis, keine Erinnerung in einem lebenden Gehirn. Sie werden sowohl aus der Vergangenheit wie aus der Zukunft gestrichen. Sie werden überhaupt nie existiert haben».[212]

Für kurze Zeit wird der unbedeutende, gebrechliche und resignierte Smith so etwas wie ein Renegat, der von den Regeln abweicht, also ein Abtrünniger. Er wird ein Outlaw des Denkens. Er handelt nicht. Dafür ist er zu schwach. Er ist vor allem ein Einzelgänger, denn die grosse Masse folgt bedingungslos dem Grossen Bruder. Der etwas schrullige Einzelgänger Smith bleibt – wie er es ahnte, als er begann, ein Tagebuch zu führen, und vom rechten und einzigen Weg abkam – nicht lange unbemerkt. Er wird verraten, festgenommen und im Ministerium der Liebe gefoltert.

Der Folterknecht, O'Brien, fokussiert beim Verhör und bei der Folter durch Elektroschocks auf den Eintrag in Smiths Tagebuch, Freiheit sei «die Freiheit zu sagen, dass zwei und zwei gleich vier ist».[213]

Doch diese Freiheit gibt es nicht. Wenn das Regime sagt, dass zwei und zwei gleich fünf ist, dann ist das die Wahrheit, die gilt. O'Brien streckt vier Finger auf und fragt Smith, wie viele Finger er sehe. Vier. Dann kommt der Elektroschock. Nochmals und nochmals. Smith bleibt zuerst unbeugsam, aber die Stromstösse werden immer stärker. Fünf! Du lügst. Du glaubst noch immer, es seien vier, sagst aber fünf, um der Folter zu entgehen. So geht es weiter, bis Smith gebrochen ist. Er wird einer Gehirnwäsche unterzogen, an deren Ende Winston Smith den Grossen Bruder aufrichtig liebt. Die Handlanger des totalitären Überwachungsstaates eliminieren jede Erinnerungsspur an die kurze, letztlich sinn- und wirkungslose Episode des Widerstands in Smiths Leben.

George Orwells (1903–1950) Roman «1984» mit seinem Anti-Helden Winston Smith, von dem hier die Rede ist, ist eine Warnung vor den Totalitarismen und Tyranneien nach Hitler und Stalin – wobei Stalin 1949, als «1984» erschien, natürlich noch in Amt und Würden und der Grosse Terror in vollem Gange war. Diese kommenden Totalitarismen und Tyranneien – so befürchtete Orwell – würden die Überwachung, die Manipulation der Realität und ihrer Wahrnehmung, die Kontrolle über die Sprache und die Definition der Vergangenheit als zentrale Machtinstrumente auf die Spitze treiben und perfektionieren. Orwell machte sich keine Illusionen in Bezug auf die Omnipotenz dieses zukünftigen Überwachungsstaates und die Tatsache, dass die allermeisten Menschen mit Leichtigkeit zu Mittätern oder zumindest zu Mitläufern werden[214] und gerne und laut mit den Wölfen heulen würden.[215]

Auch in zwei anderen weltberühmten dystopischen Romanen des 20. Jahrhunderts – in Aldous Huxleys (1894–1963) «Schöne Neue Welt» («Brave New World»)[216] von 1932 und Ray Bradburys (1920–2012) «Fahrenheit 451»[217] von 1954 – ist die Frage nach der Möglichkeit von Individualität und von Allein- und Anderssein in einem gleichgeschalteten totalitären System von zentraler Bedeutung. In der schönen neuen Welt Huxleys im Jahr 632 n. F. («nach Ford») werden genormte Männer und Frauen in konstanten Mengen in riesigen Brut- und Konditionierungszentren produziert. Staatliche Gewalt scheint gar nicht mehr nötig, denn Sex, Konsum und eine Glücktablette befriedigen die Massen und lullen sie ein.

Der Wahlspruch des Weltstaates – der «Megatechnokratie»[218] – ist Kollektivität, Identität und Stabilität. Stabilität scheint geradezu ein Fetisch zu sein: «Stabilität. Das erste und oberste Gebot. Stabilität». Früher, so erinnern sich einige wenige, habe es einmal «den sogenannten Liberalismus» gegeben. Es sei über die Freiheit des Einzelnen gesprochen worden: «Die Freiheit, unfähig und unglücklich zu sein. Die Freiheit, ein Störfaktor zu sein».[219] Aber all das ist nur noch ein ganz schwaches Echo aus einer längst vergangenen Zeit.

Die Überbleibsel der «alten» Zivilisation – die «Wilden» – sind in Reservaten gehalten, können begafft werden wie Tiere im Zoo und stellen keine Bedrohung dar. Daran ändert auch die Figur von John Savage nichts, des «edlen» Halb-Wilden im Indianerreservat in New Mexico, der – *horribile dictu* – eine leibliche Mutter und im Reservat ein Exemplar der gesammelten Werke William Shakespeares entdeckt und gelesen hat und gewissermassen als Renaissance-Mann einen Gegenentwurf zur genormten Realität darstellt. Aber John Savage ist nicht mehr als ein Exotikum, das als solches herumgereicht und bestaunt wird.

John Savage ist entsetzt ob der Kasten-Gesellschaft des Weltstaates, die er als leer, bösartig und unfrei wahrnimmt: «Gefällt es euch etwa, Sklaven zu sein? [...] Wollt ihr nicht frei, nicht Männer sein?»[220] Der Controller Mustapha Mond, der als der Apologet des Weltstaates auftritt, macht im langen Dialog mit John Savage klar, dass es in der schönen neuen Welt tatsächlich «keine Verwendung für Edelmut und Heldentum» mehr gibt. Dass der «Wilde» Gott, Dichtung, reale Gefahren, Freiheit, Güte und Sünde will – um Mario Vargas Llosa zu zitieren – und dass das Leben «nicht nur Vergnügen ist, sondern auch Drama, Schmerz, Mysterium und Enttäuschung», lässt Mond nur mit den Achseln zucken.[221] Diese Welt, die auch eine inhärent instabile und unsichere war, gibt es nicht mehr. Sie wurde mit dem Drama, Schmerz, Mysterium und der Enttäuschung, die integraler Teil des Menschseins waren, längst wegkonditioniert. John Savage sieht keinen Platz mehr für sich in dieser Realität. Er begibt Selbstmord – was in der schönen neuen Welt natürlich niemand verstehen kann.[222]

Im totalitären Staat, den Ray Bradbury in «Fahrenheit 451» entwirft, sind Bücher verboten, weil sie die Quelle unabhängigen Denkens und Handelns sind. Dieses soll verhindert werden durch massive Repression, einschläfernde und beruhigende Drogen und die ständige Berieselung der Bevölkerung durch Fernsehen und Radio. Denn «was allzu sehr beruhigt, [. . .] schläfert das Denken ein»[223] – was eben genau das Ziel des Systems ist.

Die unablässige Propaganda schafft Einheit und Konformität. Alle und alles werden gleichgeschaltet: «Wir müssen alle gleich sein. Nicht gleich und frei geboren, wie es in der Verfassung steht, sondern gleichgemacht. Jeder das Abbild aller anderen; dann sind alle glücklich, denn es gibt keine Berge, vor denen sie sich ducken, an denen sie sich messen müssen».[224]

Der Staat geht mit aller Härte gegen bibliophile Outlaws vor, die Bücher besitzen und lesen. Der Feuerwehrmann Guy Montag ist Teil dieses repressiven Systems, da die Feuerwehr die Aufgabe hat, Bücher aufzuspüren und zu verbrennen. Montag ist ein braver und pflichtbewusster Funktionär. Aber er hat einige wenige Bücher bei sich zu Hause versteckt. Er lernt die junge Clarisse kennen, die seine Neugier für das Lesen, das kritische Denken, die Natur und die Frage weckt, ob er mit seiner meist zugedröhnten, gleichgeschalteten Frau Mildred wirklich glücklich ist. Clarisse steht so am Anfang der Transformation Montags vom Mitläufer zum Outlaw, der Bücher besitzt und liest.

Als bei einem Einsatz von Montags Feuerwehrtrupp eine ältere Dame lieber mit ihren Büchern verbrannt wird, als sich dem System zu beugen, gerät Montag in eine existenzielle Krise. Sein Vorgesetzter bei der Feuerwehr, Beatty, erkennt, dass Montag von Gewissensbissen geplagt wird, und ermahnt ihn, kann Montags Abdriften in den Widerstand aber nicht aufhalten.

Montag will seiner Frau aus den Büchern, die er hat, vorlesen. Mildred hat indes kein Interesse, da sie vollständig vom TV-Konsum absorbiert ist. Montag beginnt, sich heimlich mit dem pensionierten Literaturprofessor Faber zu treffen: «Niemand hört mehr zu. [...] Ich möchte nur, dass jemand zuhört, was ich zu sagen habe. Und vielleicht, wenn ich lange genug spreche, wird alles einen Sinn ergeben. Und ich möchte, dass Sie mir helfen zu verstehen, was ich lese».[225]

Mit dem Lesen tut sich Montag eine neue Welt auf, die ihn fasziniert und erfüllt. Als er seiner Frau und deren Freundinnen im Überschwang ein Gedicht vorliest, alarmieren Mildred und die anderen Frauen die Feuerwehr. Beatty will Montag zwingen, mit dem Flammenwerfer sein eigenes Haus mit den Büchern darin abzubrennen: «Du glaubst, dass Du mit Deinen Büchern übers Wasser gehen kannst. Nun, die Welt kann ganz gut ohne sie auskommen. [...] Montag, Du Idiot, Montag, Du verdammter Verrückter; warum hast Du das wirklich getan?»[226]

Daraufhin richtet Montag den Flammenwerfer auf Beatty und tötet ihn. Auf abenteuerliche Weise und mit der Unterstützung von Faber kann Montag *in extremis* fliehen. Er schliesst sich einer Gruppe von Outlaws an, die sich in den Wäldern vor der Stadt versteckt hat. Jeder in der Gruppe hat einige Bücher auswendig gelernt, um sie so für die Nachwelt zu bewahren. Mit seinem Anschluss an diese Gruppe von Wissenden erhält Montags Akt des Widerstands – geistig durch die Lektüre von Büchern und gewaltsam durch die Tötung Beattys – einen tieferen und anhaltenden Sinn.

Der Krieg, der seit Jahren schwellt, über den aber nicht berichtet wird, eskaliert. Die Stadt, in der Montag gelebt hat, wird bei einem Angriff dem Erdboden gleichgemacht. Die Outlaws entscheiden, in die zerstörte Stadt zurückzukehren – in der Hoffnung auf einen Neuanfang. Ob dieser gelingt, bleibt offen.

Die Topoi bei Huxley, Orwell und Bradbury ähneln sich. In allen drei Romanen wird ein totalitäres System beschrieben, in dem einzelne (Anti-)Helden gegen den Strom zu schwimmen versuchen, denken und Widerstand leisten.[227] Der totalitäre Staat oder – wohl besser – das totalitäre System bei Huxley, Orwell und Bradbury verortet die Gefahren für seinen Fortbestand in diesem abweichenden Denken und Handeln von Einzelpersonen. Wer denkt, ist gefährlich und muss isoliert und eliminiert werden. Um nichtkonformes Denken und Handeln zu verhindern, bedient sich das System in den drei Fällen ähnlicher Methoden und Instrumente der mehr oder weniger gewaltsamen Repression.

Smith ist ein Beispiel für die (vermeintliche) Ohnmacht des Einzelnen, der sich als Renegat der Freiheit ganz am Rande des Systems einen Freiraum schaffen will – und dies auch für kurze Zeit tut –, aber vom System, das durch Folter sogar die Gedanken manipuliert, zermalmt wird. Smith schafft einen Funken der Freiheit, mehr nicht, weniger aber auch nicht. Montag ist ein Einzelgänger und Outlaw, der es schafft, sich selbst zu befreien, und sich einer Gruppe anderer Outlaws anschliesst. John Savage wird sich der vermassten und gleichgeschalteten Welt ohne Hoffnung auf Freiheit bewusst und bringt sich selbst um. Der Selbstmord erscheint hier als – allerdings vergeblicher – Akt der Freiheit und der Rebellion gegen das System.

Der deutsche Philosoph Hermann Lübbe meinte mit Blick auf Orwells «1984» treffend – und Gleiches gilt für Huxley und Bradbury –, dass «bei Orwell just die technischen Instrumentarien» «als Medien der Perfektionierung totalitärer Herrschaft vorgestellt werden».[228] Zentral sind die Rundumüberwachung und die ständige Kontrolle der Menschen. In «Fahrenheit 451» werden Bücher verbrannt und die Menschen durch Propaganda und Allzeitberieselung fügsam gemacht. Wer trotzdem ausschert und sich widersetzt, wird eliminiert. In «1984» ist ebenfalls die kontinuierliche Agitation wesentlich. Folter, Umerziehung und Gehirnwäsche sorgen für die Gleichschaltung. Huxley geht noch einen Schritt weiter: Hier werden die Menschen bereits industriell designt und produziert. Abweichung kann es nur noch durch Produktionsfehler geben. Die Überbleibsel der alten Zeit stellen keine Bedrohung mehr dar. Sie werden früher oder später so oder so ganz verschwinden.

Als Problem für das totalitäre System erweist sich – wie wir oben gesehen haben – das letzte Rückzugsgebiet des Outlaws, Renegaten und Einzelgängers: die Gedanken. Denn das System «versteht», dass Denken Handeln und Opposition nach sich ziehen kann, und Repression mit den entsprechend horrenden sozialen und wirtschaftlichen Kosten wohl nicht ausreicht, um den Widerstand zu brechen. Daher wirkt das System mit Medikamenten, seichter Unterhaltung, Non-Stopp-Propaganda und Dauer- und Massenmobilisierung direkt und brutal auf die Gedankenwelt der Individuen ein. Die Menschen sollen sich glücklich wähnen, auch wenn sie dies nicht sind.[229]

Das Denken soll «eingefroren» werden, um «den Zweifel, das Staunen, das Unerwartete [und] die dem Leben innewohnende Angst» – wie es der französische Neurologe, Psychiater und Ethologe Boris Cyrulnik so treffend schreibt – zu eliminieren, die für das System eine Gefahr darstellen.[230] Um nochmals Alexandre Kojève zu zitieren: Die Menschen werden vom System entmündigt und ihrer Freiheit beraubt, aber sie dürfen das behalten, was sie vordergründig glücklich macht.[231]

Auch der Kontrolle der Sprache und der Deutung und Umdeutung der Vergangenheit kommen für das System höchste Bedeutung zu. Das garantiert indes keinen hundertprozentigen Erfolg – wie Winston Smith und Guy Montag beweisen. Aber das totalitäre System kann keine einzige Abweichung akzeptieren – eben weil es total ist und sein muss, um sein Überleben sicherzustellen. Das totalitäre System bei Huxley, Orwell und Bradbury oktroyiert den Menschen einen soziopolitischen Gesellschaftsentwurf auf, der Stabilität, Sicherheit und Kollektivität und einen gewissen Wohlstand verspricht, ein für die meisten Menschen bequemes Leben im Konsum und in konstanter Berieselung: eine weichgespülte Existenz auf dem weichen Sofa.

Circle und Every

TO KNOW WE MUST SHARE. SECRETS ARE LIES. PRIVACY IS THEFT. (Motto von Circle in Dave Eggers‘ gleichnamigen Roman)[232]

«1984», «Schöne neue Welt» und – etwas weniger prominent – «Fahrenheit 451» gehören zu den literarischen Klassikern des 20. Jahrhunderts. Wie oft bei Klassikern haben allerdings wohl die wenigsten diese Bücher je gelesen. Oder wenn sie es getan haben, dann meist in der längst weit entrückten Schulzeit. Eine erneute oder erstmalige Lektüre empfiehlt sich indes allemal. Die Bücher sind von beklemmender Aktualität und Relevanz.

Dieses Genre der Dystopie – also der Erzählung mit einem negativen Zerrbild der zukünftigen Menschheit – ist keineswegs verschwunden, im Gegenteil. Es hat zu Beginn des 21. Jahrhunderts erneut Hochkonjunktur, auch wenn es für Autorinnen und Autoren zunehmend schwierig zu werden scheint, Szenarien zu entwerfen, die uns angesichts der Realitäten überhaupt noch überraschen oder schockieren würden. Dies zeigt sich exemplarisch an Dave Eggers‘ «The Circle» von 2013. Nichts in seinem dystopischen Roman sei – wie Eggers in einem Interview 2015 breitwillig zugab – nicht schon lange angedacht und zum Teil bereits ausgetestet und umgesetzt worden.[233]

Mae Holland ist eine 24-jährige, hochmotivierte, ambitionierte und Tech-gläubige Frau, die dank ihrer Studienkollegin und besten Freundin Annie einen Job bei der IT-Firma Circle, dem einflussreichsten Unternehmen der Welt, erhält. Mit dem «Unified Operating System» haben es Circle und dessen Gründer, das Tech-Wunderkind Ty Gospodinov, fertiggebracht, sämtliche elektronischen Applikationen auf einer Plattform zu integrieren und damit Google, Twitter, Facebook und weitere IT-Unternehmen zu schlucken. «TruYou» ist das Kernprodukt von Circle, das dem Unternehmen zum Durchbruch verholfen und es zum unangreifbaren Monopolisten gemacht hat: ein Account, der eine Identität, ein Zahlungssystem, eine Informations- und Kommunikationsplattform in einem ist. Das ganze Leben wird so bequem über «TruYou» abgewickelt.

Zielstrebig, fleissig und rasch arbeitet sich Mae im Unternehmen nach oben. In der Abteilung «Costumer Experience» (Kundenbetreuung) bearbeitet sie an neun Bildschirmen an ihrem Arbeitsplatz parallel Kundenanfragen, überwacht die Bewertungen ihrer eigenen Leistung durch die Kunden, tauscht sich mit anderen Circle-Mitarbeitenden aus, kommentiert Posts, verteilt Smileys auf den sozialen Medien und managt ihr eigenes Team von Mitarbeitenden. Alle ihre Aktivitäten werden in Echtzeit aufgezeichnet, vermessen, ausgewertet und bewertet, «eine enumerative Selbstbespiegelungsorgie» sondergleichen.[234]

Tatsächlich sind Mae und ihre Mitstreiterinnen und Mitstreiter von Circle und ihre Followers in einem zirkulären System gefangen. Alle in diesem System lassen sich freiwillig, ja gar freudig rund um die Uhr beobachten und überwachen. Sie bespitzeln und bewerten sich auch gegenseitig in Endlosschlaufen, «und tun ansonsten nicht viel anderes»[235] – wie Mercer Medeiros, der frühere Freund Maes, der zum Outlaw wird, kritisch bemerkt. Diese Sucht nach Erfolg und Gefallen ähnelt nicht zufällig der Click-Sucht bei sozialen Medien.

Doch Circle ist nicht einfach ein «normales» Unternehmen. Es schafft mit subtilem Zwang und Druck und geschickt eingesetzten Anreizen eine Gemeinschaft, in der Berufs- und Privatleben fliessend ineinander übergehen. Es wird erwartet, dass alle Mitarbeitende jede (private) Aktivität kommentieren und bewerten, und die Teilnahme an firmeneigenen Events und Partys hat einen direkten Einfluss auf den Popularitätsindex «Participation Rank» der Mitarbeitenden, eine Art Sozialscore, das mitentscheidet, ob jemand in Circle die Karriereleiter emporklettern kann oder eben nicht. Circle wird so mehr und mehr zu einem geschlossenen System, das sich selbst reproduziert und dessen Mitarbeitende die Aussenwelt als dreckig, kompliziert und ineffizient betrachten.

Die Führung von Circle gibt Parolen und Leitmotive aus («ALL THAT HAPPENS MUST BE KNOWN»),[236] die unverhüllt klarmachen, was das Ziel ist: «Wir werden allsehend und allwissend werden».[237] Neue Tools wie «SeeChange», ein global vernetztes Videosystem, steigern das Überwachungspotenzial nochmals: «Das ist ultimative Transparenz. Kein Filter. Sehe alles. Immer».[238] Das Programm «ChildTrack» überwacht rund um die Uhr alle Bewegungen von Kindern, denen dafür ein Chip in den Knöchelknochen eingesetzt wird. In nicht allzu ferner Zukunft soll Circle in die Lage versetzt werden, sogenannt asoziales Verhalten zu identifizieren und Aussenseiter und Einzelgänger zu isolieren, also eine Art soziales Profiling zu betreiben.

Mae Holland – keineswegs eine intellektuell brillante Mitarbeiterin, sondern «eine absolute Durchschnittsfigur»[239] – lässt sich willfährig zur Gallionsfigur von Circle machen, indem sie als erste Mitarbeiterin komplett transparent, also ein gläserner Mensch wird. Dafür lässt sie sich eine Halskette mit einer Kamera umlegen. Ihr ganzes Leben wird nun live und ungefiltert ausgestrahlt. Nur auf der Toilette darf Mae den Live-Feed für maximal drei Minuten unterbrechen. Mae leuchtet so ihr eigenes Leben vollständig aus und teilt alles, denn – wieder klingt bei Eggers Orwell an – «TO KNOW WE MUST SHARE», «SECRETS ARE LIES» und «PRIVACY IS THEFT».[240]

Indem sie ein gläserner Mensch wird und ihre Privatsphäre vollständig zerstören lässt und in eine in sich geschlossene Parallelwelt eintaucht, entfernt sich Mae immer mehr von den real existierenden Menschen ausserhalb von Circle, nämlich ihren Eltern und ihrem früheren Freund Mercer. Als ihr Mercer den Spiegel vorhält und ins Gesicht sagt, sie sei mittlerweile sozial völlig autistisch und uninteressant geworden, reagiert Mae mit Unverständnis. Für sie zählen einzig die Followers, die sich in ihren Lebens-Live-Feed einschalten und deren Zahl und Kommentare sie rund um die Uhr auf einem Screen am rechten Handgelenk ablesen kann. Mae ist «süchtig nach Erfolg und Gefallen». An ihren «sich radikal verringernden Freiheitgraden» scheint sich Mae nicht zu stören, sie bemerkt sie nicht einmal. Frohgemut, wie es scheint, gibt sie «ihr Recht auf Privatheit, Individualität» auf. [241]

Circle betreibt eine äusserst aggressive Expansionsstrategie – angetrieben und gesteuert von einem ruchlosen Management, aber auch beschleunigt von einer internen Dynamik, die sich der Kontrolle der Unternehmensspitze zunehmend entzieht und von den Mitarbeitenden und den Hunderten von Millionen von Followers, die ihren Account bei Circle haben, alimentiert wird. Wer sich dem Monopolisten in den Weg stellt, wird gnadenlos stigmatisiert, isoliert und – wenn nötig – physisch eliminiert.

Mae wird zum Sprachrohr für die neueste Idee von Circle. Alle staatlichen Dienstleistungen sollen in eine Plattform integriert werden: «TruYou» wird zu «Demoxie» erweitert, zu einer Applikation, auf der alle Amerikanerinnen und Amerikaner registriert werden *müssen*, um Steuern zu zahlen, Dienstleistungen vom Staat zu erhalten und zu wählen. Die Absicht ist klar: Circle soll den Staat ablösen, und die Legislative – also den Kongress – braucht es ebenfalls nicht mehr. Wahlen kann man sich sparen, denn Circle wird mit «Demoxie» in der Lage sein, den Willen von 100 Prozent der Stimmbevölkerung jederzeit zu ermitteln, «ohne Filter, ohne Fehlinterpretationen und Bastardisierungen».[242]

Mae wendet sich auch von ihrer langjährigen Freundin Annie ab, die zaghaft Zweifel an Circle und den Methoden und Zielen der Firma äussert und an einem Projekt zerbricht, das sie selbst entwickelt hat: «PastPerfect» ist ein elektronischer, für jedermann einsehbarer Familienstammbaum, der alle Informationen zur Geschichte einer Person und deren Vorfahren enthält. So wird Transparenz nicht nur in der

Gegenwart geschaffen, sondern auch in der Vergangenheit.

Annie entdeckt, dass ihre Familie, die mit der «Mayflower» 1620 nach Amerika gekommen war, im heimischen England irische Sklaven gehalten hatte. In Amerika waren die Vorfahren Annies Sklavenhalter im Süden, und einer ihrer Ahnen schlug einen Sklavenaufstand nieder und war für den Tod von Hunderten von Sklaven verantwortlich. Annies Eltern, so stellt sich heraus, hatten Affären und liessen einst einen geistig behinderten Mann vor ihren Augen an einem Pier ertrinken, statt ihn zu retten. Diese komplizierte Familiengeschichte, die da unverhofft zum Vorschein kommt, wird mit «PastPerfect» millionenfach rezipiert und kommentiert. Annie kann dem Druck nicht standhalten. Sie hat einen Nervenzusammenbruch und wird hospitalisiert. Die Revolution frisst ihr eigenes Kind.

Zwei Personen versuchen, Mae zu stoppen. Die eine ist Mercer Medeiros – eigentlich der (Anti-)Held dieses Buches, wenn es denn einen Helden hätte –, der aber die Aussichtslosigkeit seines Unterfangens bald einsieht und sich in die vermeintliche Abgeschiedenheit und Freiheit Oregons zurückzieht – also den Exit wählt – als Outlaw und als Waldgänger, als eine Figur, die wir später bei Ernst Jünger kennenlernen werden. Mercer schreibt Mae einen nur für sie gedachten Brief, den diese aber sofort ihren Hunderttausenden von Followers vorliest. Darin warnt Mercer Mae, dass Circle eine Welt schaffen werde, in der immer Scheinwerferlicht herrsche, und «ich glaube, es wird uns alle lebendigen Leibes verbrennen».[243] Das Bild vom immerwährenden grellen Licht, das dem freien

Menschen ein Graus ist, werden wir übrigens unten bei Leo Strauss antreffen.

Aber auch in der Abgeschiedenheit von Oregons Wäldern ist der Outlaw Mercer nicht sicher vor Circle und Mae. Diese nutzt die Lancierung von «SoulSearch», eines Programms, das mit der Hilfe von Millionen von Followers in der Lage sein soll, jede Person auf dem Globus innerhalb von 20 Minuten aufzuspüren, um Mercer zu identifizieren. «SoulSearch» ist also ein hochleistungsfähiges Tracking-System. Ein von Mae aus dem Hauptquartier von Circle in Kalifornien angestachelter Mob schreckt Mercer in seinem abgelegenen Waldhaus auf. Verfolgt von der enthemmten Horde und von Drohnen mit Kameras und Mikrofonen rast Mercer in seinem Auto über ein Brückengeländer und zerschellt in der Tiefe einer Schlucht. Der Suizid ihres Ex-Freundes, der sich nur so dem Totalitarismus von Circle zu entziehen wusste, löst bei Mae nichts aus, keinen einzigen kritischen oder selbstkritischen Gedanken.

Die andere Person, die auf Mae einwirkt und versucht, sie wachzurütteln, ist der geheimnisvolle Kalden, der in kurzen Episoden in Maes Leben und Arbeit im Circle auftaucht und dann wieder verschwindet. Kalden ist ein früh ergrauter junger Mann, der überall im Circle Zugang hat, den aber niemand kennt und von dem sich Mae magnetisch angezogen fühlt. Die beiden beginnen eine Affäre. Als Mae im Unternehmen zum Star wird, werden die Treffen seltener. Kalden warnt Mae vor der zerstörerischen Kraft von Circle: Wenn jedes Individuum gezwungen werde, einen Account bei Circle zu haben, über den alle staatlichen Dienstleistungen abgewickelt würden, dann sei dies das erste globale tyrannische Monopol, «ein sehr hungriges, sehr böses Imperium».[244] Mae ignoriert die Warnung.

Bei einem Event beim riesigen Aquarium auf dem Campus von Circle ist Mae als Shooting-Star dabei. Anwesend sind auch die drei «Weisen Männer», das Top-Management von Circle. Da fällt es Mae wie Schuppen von den Augen: Ty Gospodinov, der Gründer von Circle und nun der *Primus inter Pares* des Triumvirats, ist Kalden. Nach der Show, die Mae für über 100 Millionen Followers live überträgt und bei der ein Haifisch im Aquarium einen Oktopus und unzählige Seepferdchen zerfetzt und verspeist – das Aquarium und der Haifisch sind eine doppelte Allegorie –, sucht Ty/Kalden einen erneuten Kontakt mit Mae. Er versucht, sie zu überzeugen, dass nun der letzte Moment gekommen ist, um Circle zu stoppen. Dafür braucht er aber Maes Unterstützung.

Denn Ty ist der Zauberlehrling, der die Geister, die er rief, nicht mehr kontrollieren und loswerden kann. Er versteht, dass Mae, die nun das Gesicht des Unternehmens ist, die einzige Person ist, die Millionen von Followers und Kunden von Circle überzeugen könnte, dass die Pläne der Firma wahnsinnig sind und nichts mehr mit dem zu tun haben, was er ursprünglich im Sinne hatte, als er Circle schuf. Jeder Mensch werde bald überwacht werden, von der Wiege bis zur Bahre, ohne Möglichkeit, der Überwachung zu entrinnen, ohne Möglichkeit, auszusteigen.[245] Mae verspricht Ty/Kalden, ihm zu helfen, den Aberwitz zu stoppen. Doch ihre Loyalität gegenüber der totalitären Idee, für die Circle mittlerweile steht, ist grösser als ihre Liebe zu Ty/Kalden. Mae geht zu den beiden anderen «Weisen Männern» und denunziert den Gründer von Circle. Ty/Kalden wird kaltgestellt.

Eggers‘ «The Circle» steht in der Tradition der grossen dystopischen Romane des 20. Jahrhunderts. Die Anlehnungen vor allem an Orwell sind offensichtlich. Eggers fokussiert auf Überwachung, digitale Repression und die wachsende Macht der IT-Konzerne im Kontext der beschleunigten Digitalisierung und rasanten Expansion der sozialen Netzwerke und Medien in den letzten drei Dekaden. Interessanterweise ist die Überwachung bei Eggers letztlich eine selbstgewählte und gewünschte, also faktisch eine Selbstüberwachung, mit der jede Privatheit und jeder Rückzugsraum frohgemut aufgegeben wird. So werden die Circle-Anhänger zu unfreien «Menschen im Konsens», zu Zugehörigen «eines wundersamen Einvernehmens».[246]

Was Huxley, Orwell und Bradbury erahnten und antizipierten, schreibt Eggers fort. Das Sittenbild, das dabei entsteht, ist nur beschränkt schockierend, sondern entspricht zum Teil bereits der Realität oder zumindest gewissen Trends. Deutlich kommt bei Eggers zum Ausdruck, dass die «perfekte» oder die «beste» Welt à la Circle tatsächlich eine Tyrannei ist.[247] Circle ist ein totalitäres System. Wer sich ihm verweigert und sich den Vorgaben, Zielen und Methoden der Firma, die in Eggers‘ Roman immer mehr eine eigene Gestalt und ein Eigenleben annimmt,[248] ja recht eigentlich zur Protagonistin schlechthin wird, nicht unterordnet, wird kriminalisiert und gilt als Dissident und Abweichler oder – um bei unserer Wortwahl zu bleiben – als Renegat und Outlaw.[249]

Acht Jahre nach «Circle» legte Eggers mit «Every» einen Fortsetzungsroman vor. Die Untertitel des Romans (alle in Grossbuchstaben) – «ENDLICH EIN GEFÜHL VON ORDNUNG», «DIE LETZTEN TAGE DES FREIEN WILLENS», «GRENZENLOSE AUSWAHL ZERSTÖRT DIE WELT» – weisen auf Kontinuität hin. Tatsächlich knüpft «Every» dort an, wo «Circle» aufgehört hat: Circle hat mittlerweile Amazon aufgekauft und heisst neu «Every». Mae Holland ist zur Konzernchefin aufgestiegen. Every treibt die Entwicklung ständig neuer Applikationen voran, die – wie es die Professorin Meena Agarwal ausdrückt, die sich in Fundamentalopposition zu Every übt – «eine existenzielle Bedrohung für alles Ungezähmte und Faszinierende der menschlichen Spezies» werden.[250]

Die junge Delaney hat sich – so der doch etwas gesuchte und nicht immer plausible Plot des Buches – zum Lebensziel gesetzt, sich in Every einzuschleusen und den Konzern von innen auszuhöhlen und zu zerstören. Um dies zu erreichen, schreibt sie eine Abschlussarbeit zu kartellrechtlichen Fragen im Zusammenhang mit Every, die das Unternehmen und seine Monopolstellung verteidigt. Die Arbeit wird von Every sofort positiv rezipiert. Delaneys Professorin, Agarwal, hingegen ist schockiert. Sie hatte Delaney als eine der wenigen kritischen Studentinnen wahrgenommen und hätte es nie für möglich gehalten, dass Delaney eine solch tendenziöse Arbeit über «das skrupellosteste und gefährlichste Unternehmen, das es je gab», über die «Fabrik, die Konformität herstellt», verfassen könnte. Der einzige Eingeweihte, der von den Plänen Delaneys weiss, ist der Programmierer Wes, mit dem Delaney in einer rein platonischen Beziehung zusammenlebt.[251]

Delaney wird prompt von Every angestellt und entwickelt laufend neue Ideen für Apps, die allesamt zum Ziel haben, die Benutzer zu überwachen, ihr Verhalten zu steuern und zu konditionieren und abweichendes Verhalten öffentlich zu brandmarken und zu kriminalisieren. Dazu gehören Gesichtserkennungsprogramme, Video- und Audioüberwachung, die Auswertung von Kaufverhalten und Verhalten auf sozialen Medien. AI wertet sogar die Körpersprache aus: «Die Software sieht alles».[252] Damit soll die Bevölkerung «gesäubert» werden von den «Frechen oder Unvorsichtigen».[253]

Doch Delaney scheitert Mal für Mal: Ihre immer krasseren, ja schlicht perversen Ideen stossen nicht auf Opposition und führen nicht zu einem weltweiten Backlash gegen Every, sondern werden, im Gegenteil, breit unterstützt. Wes – Delaneys Freund – tritt selbst in den Dienst von Every und erkennt, dass Delaneys Unterwanderungs- und Sabotageversuche aussichtslos sind: «Die ganze Zeit haben wir gedacht, wir könnten [Every] in den Abgrund steuern. Dass irgendeine neue App einfach zu weit gehen würde, zu zerstörerisch und inhuman wäre. Aber du und ich wissen beide, dass das nicht passieren wird. Es gibt keinen Abgrund. [. . .] Und wir müssen aufhören, den Irrsinn noch zu befeuern. Unsere Ideen sind zu gut. Zu schrecklich. Die Leute lieben sie. Deshalb müssen wir aufhören».[254]

Doch Delaney will nicht aufgeben. Auch ein Bombenanschlag auf Every, den Delaney nur knapp überlebt, und die Tatsache, dass sich Wes und dann auch Professorin Agarwal von Every kooptieren und sich ihre Eltern widerspruchslos überwachen lassen, halten Delaney nicht auf. Allerdings bewirkt sie nichts, denn Every wusste fast von Beginn an von ihren wahren subversiven Absichten als verborgene Renegatin im System. Wie es Mae Holland ausdrückt: «Wie konnte diese Idiotin bloss glauben, sie könnte gegen Every intrigieren – im *Innern* von Every? Eine Spionin im Epizentrum der Überwachung?»[255]

Derweil dehnt sich Every immer weiter aus. Die Post wird von Every attackiert, weil Briefe, die mit der Post verschickt werden, im Gegensatz zu digitalen Medien nicht so einfach überwacht werden können, Die Post sei so – wie Mae Holland verkündet – «der letzte sichere Hafen für Terroristen und weisse Rassisten». Klassische Texte werden «verbessert» und «gesäubert». Das Social Engineering wird perfektioniert und stellt das chinesische Sozialkreditsystem in den Schatten: «Wir können das besser. [. . .] Die Menschen wollen das».[256]

Delaney ist zwar keine echte Gefahr für Every, aber sie bleibt ein Störfaktor, den es zu eliminieren gilt – wie alles, was sich dem Every-Mainstream entgegenstellt. In einer erstaunlichen und auch wenig glaubhaften Wendung des Romans lädt Mae die noch von ihren bei einem Bombenanschlag auf Every erlittenen schweren Verletzungen gezeichnete Delaney zu einem Gespräch ein. Delaney sieht ihre Chance gekommen. Die beiden Frauen vereinbaren sich zu einem Spaziergang zu einem Wasserfall in einem abgelegenen Canyon in Idaho.

Dort legt Delaney Mae ihre ultimativen Ideen vor: Every soll erstens ein komplett zentral gesteuertes Wirtschaftssystem – eine «einvernehmliche Wirtschaftsordnung» – schaffen, in dem der Einzelne keine Entscheide mehr treffen muss und kann: «Wir bieten Menschen auf vielerlei Weise Sicherheit – schaffen Klarheit in ihrem Leben».[257] Zweitens schwebt Delaney vor, dass Every ein Sozialscore für jeden Menschen schafft, der den Wert des Einzelnen in der Gesellschaft misst. Dieser Sozialscore soll eine «einzige Zahl [sein], die alles umfasst, von der Wiege bis zur Bahre», «Noten in der Schule, Verhaltensprobleme in der Kindheit, [. . .] Testergebnisse, eventuelle strafbare Handlungen, Fehler am Arbeitsplatz, Strafzettel, verdächtige Reisen, ungewöhnliche Gangmuster, [. . .] Kaufhistorie, Zahlungshistorie, Kreditprobleme, [jede] versandte und erhaltene Nachricht, [. . .] Quantität und Qualität von Freundschaften».[258] Der Sozialscore würde den Zugang zu Bildung, Jobs, Wohnungen und Gesundheitsversorgung, aber auch soziale Interaktionen definieren. Niemand mit einem hohen Sozialscore würde je mit jemandem zusammen sein wollen, der einen tiefen Sozialscore hat.[259]

Oben am Wasserfall angekommen, glaubt Delaney, dass sie Mae überzeugt hat. Mae hingegen sieht sich bestätigt, dass Delaney bloss eine dumme Intrigantin und Pseudo-Rebellin ist, die für alles steht, wovon Mae und Every die Welt befreien wollen: «Täuschung, Verschwiegenheit, Geheimnisse, Lügen».[260] Mae stösst Delaney über die Klippen in den Tod.

Während Eggers‘ «Every» – «ein sehr pessimistischer Roman»[261] – an Überlängen, schwerfälligen Dialogen, sprachlichen Unzulänglichkeiten in der Übersetzung und zum Teil wenig plausiblen Wendungen in einem an sich schon ziemlich konstruierten

Plot krankt, bleiben die Kernaussagen ominös und die Warnungen eindringlich. Wie bei Orwell, Bradbury und Huxley sind auch bei Eggers der Widerstand der grossen Mehrheit gegen das totalitäre System fast ganz erloschen und die Freiheit verschwunden.

Die allermeisten Menschen unterwerfen sich der absoluten Kontrolle, der Grossen Gleichschaltung, gerne und freiwillig – wie Timothy Snyder und Megan Stack beobachten:[262] «Die freiwillige Knechtschaft führt zur mutwilligen Gewissheit» (Boris Cyrulnik).[263] Bei Eggers‘ Every wird auch plausibel herausgearbeitet, wie ein System – es muss nicht einmal ein autoritäres sein – ein immer dichtmaschigeres Kontrollsystem in der Annahme durchsetzen kann, «das Richtige, Nachhaltige, politisch Korrekte zu tun».[264]

Genau dieses freiwillige und bisweilen gar enthusiastische Mitheulen mit den Wölfen und Mitschwimmen im Mahlstrom und die Unterwerfung unter immer striktere sozio-digitale Kontrollen, das faktische «Ende der Privatsphäre»,[265] aus freien Stücken oder zumindest ohne echten Widerstand, sind heute vielerorts zu beobachten.[266] Wir machen uns oft nicht einmal die Mühe, uns zu überlegen, in welches Netz der Abhängigkeiten und der Überwachung wir uns begeben, wenn wir soziale Medien benutzen. Wir posten, was das Zeug hält, und geben alles von uns preis. Wir wollen dazugehören, mitschwimmen. Ist der Einzelgänger so der letzte freie Mensch – aber zugleich sozial geächtet?

The Matrix und Andor

Du denkst also, es ist aussichtslos, oder? Freiheit? Unabhängigkeit? Gerechtigkeit? Wir sollten uns einfach unterwerfen und dankbar sein? Einfach nehmen, was uns gegeben wird?
(Nemik in «Andor»).

Ich habe nicht die Absicht, hier die «Matrix»-Filme und ihre komplexen Inhalte aufzurollen und kritisch philosophisch oder psychoanalytisch zu beleuchten. Das haben andere längst getan – unter ihnen gar der «Überphilosoph» Slavoj Žižek, der das zweifelhafte Vergnügen hatte (wie er selbst schreibt), sich den Film in einem Kino neben einem Idioten sitzend anzuschauen.[267] Aber die israelische Philosophin Ilit Ferber machte mich – konfrontiert mit meiner Idee für dieses Buch – auf die «Matrix» aufmerksam. Sie meinte, dass die «Matrix» interessantes Anschauungsmaterial hergeben würde. Ich hatte den Film vorher nie gesehen. Das Science-Fiction-Genre interessiert mich wenig. Aber tatsächlich finden wir in der «Matrix» verschiedene Handlungsstränge und Argumentationsmuster, die unser Bild vom Renegaten und Outlaw der Freiheit schärfen können.

Die «Matrix» – ich beziehe mich hier ausschliesslich auf den ersten Film von 1999 – ist ein dystopischer Spielfilm mit Keanu Reeves und Laurence Fishburne in den Hauptrollen. Der Science-Fiction-Film mit für 1999 frappanten Action-Sequenzen und Spezialeffekten dreht sich um Realität und Illusion, AI, Selbstbestimmung und Freiheit. Die Masse der

Menschheit lebt – ohne es zu wissen – versklavt von AI. Diese Menschen dienen der Energieproduktion. Sie sind eingeschlossen aufgereiht und gestapelt in riesigen Farmen verkabelt und vegetieren Föten ähnlich dahin.

Davon erfahren diese Menschen – wenn wir ihnen denn überhaupt noch so sagen können – aber nichts, da sie in ihrem Bewusstsein in der virtuellen Welt der Matrix «leben». AI schafft diese Parallelwelt mit allen Annehmlichkeiten eines guten Lebens und der Illusion der Freiheit. Diese simulierte Erfahrung der «Realität» können diese Menschen gar nicht von der «realen» Realität unterscheiden, und die Unterscheidung ist für sie auch nicht weiter relevant, weil sie ja sehr wohl in einer «Realität» «leben». Das Individuum wird in der «Matrix» so auf ein Subjekt in absolut instrumentalisierter Passivität reduziert.[268] Es wähnt sich glücklich, ist es aber nicht, weil Glück – wie der Philosoph Charles L. Griswold unterstreicht – mit Ruhe und Gelassenheit («tranquility») zusammenhängt, die ein Mensch nur dann haben kann, wenn er nachdenkt, abwägt und seinen eigenen Standpunkt kritisch evaluiert («assessment»).[269]

Nur wenige revolutionäre Zellen von Menschen – Outlaws – existieren ausserhalb der Matrix. Eine dieser Zellen wird von Morpheus (Fishburne) angeführt, dem Kapitän des Raumschiffes «Nebukadnezar». Morpheus holt den jungen Informatiker und Hacker Thomas Anderson alias Neo (Reeves) aus der Matrix, weil er in ihm den Auserwählten zu erkennen glaubt, der die Vernichtung von Zion, der realen Stadt der «echten» Menschen im Erdinneren, zu verhindern imstande sein und die Menschen aus der Matrix befreien könnte.

Morpheus – in der griechischen Mythologie ist Morpheus der Gott der Träume – stellt Neo vor die grundlegende Wahl: Er kann entscheiden zwischen einer blauen Pille, die Sicherheit und glückselige Unwissenheit – also die Existenz als Energieproduzent mit dem falschen Bewusstsein, zu «leben» –, oder einer roten Pille, die Freiheit, aber wohl auch schmerzhafte Wahrheit verspricht. Neo wählt natürlich die rote Pille. Von diesem Moment an entwickelt er sich schrittweise zu einer Messias-ähnlichen Lichtgestalt: «The One», der sich gegen die Matrix stellt. Auf dem Weg dorthin muss sich Neo immer wieder beweisen. Er realisiert, dass Freiheit mit einem Preis und Opfern verbunden und eben nicht gratis zu haben ist.

In der Matrix spielt die Frage des freien Willens und der Freiheit eine wichtige Rolle. Relevant ist für uns, dass Neo aus freiem Willen die rote Pille – also den Exit – wählt. Wie es Morpheus an einer Stelle sagt: «Ich versuche, Deinen Geist zu befreien, Neo. Aber ich kann Dir nur die Tür zeigen. Du musst dann selbst hindurchgehen». An einer anderen Stelle fragt Agent Smith, Neos Gegenspieler, der die Aufgabe hat, Ordnung in der Matrix zu schaffen und Anomalien wie Neo zu eliminieren, die das gesamte System gefährden könnten, weshalb er, Neo, nicht aufgebe. Widerstand und der Kampf gegen die Matrix machten schlicht keinen Sinn. Neo antwortet: «Because I choose to». Der freie Wille und die Freiheit sind möglich, aber sie kommen mit einem Preis und mit Risiken.

Ihr Leben in der «Realität» nehmen die Menschen eben nicht als embryoähnliche Energieproduzenten wahr. Sie leben ihr Leben in der «Realität» der Matrix. Warum sollten sie dieses aufgeben für eine ungewisse Zukunft im Dauerkampf ums Überleben und gegen die Matrix? Ist da die «Realität» der schönen neuen Welt der Matrix nicht bequemer und annehmlicher?

Eine Episode im Film verdeutlicht dieses Dilemma: Morpheus isst – zurück in der Matrix – ein Steak. Er belehrt Neo, der ihm dabei zuschaut, dass das Steak in der «Realität» der Matrix gar nicht existiert: «Ich weiss, dass dann, wenn ich ein Stück davon in den Mund stecke, die Matrix meinem Gehirn sagt, dass das Steak saftig und lecker ist». Und er fährt fort: «Ignoranz ist die glückselige Wahl des virtuellen Vergnügens über Materialität und Authentizität».

Klar ist, dass die Masse jener, die in der «Realität» der Matrix als Energieproduzenten dahinvegetieren, nicht bereit wäre, sich der Kabel zu entledigen und in der realen Realität zu leben – wie Morpheus Neo erklärt. So ist die Matrix der schönen neuen Welt Huxleys tatsächlich gar nicht so unähnlich. Die meisten Menschen hätten eine Präferenz, unwissend, aber zufrieden und behaglich in der flachen «Realität» der Matrix zu verharren, statt wie Neo die rote Pille zu wählen und in die harte Realität der Realität einzutauchen. Das Steak schmeckt eben auch in der Matrix gut.

Einer, der sich entscheidet, zurück in die Matrix zu gehen, ist Cypher (Joe Pantoliano). Er lebt in der Realität und ist einer der Outlaws. Er wünscht sich aber eine Rückkehr in die «Realität» der Matrix und verrät seine Mitstreiterinnen und Mitstreiter, um ein komfortableres Leben führen zu können. Er entscheidet sich bewusst für die Matrix, für die Unfreiheit und gegen das harte Leben des Renegaten.[270]

Nun ist kritisiert worden, dass die «Matrix» zu wenig radikal sei. Statt das System als solches zu vernichten und mit diesem Bruch die Menschheit gänzlich zu befreien, begnüge sich Neo mit Selbstverwirklichung. Freiheit werde primär als negative Freiheit verstanden. Zudem werde Neo zu einer Jesus-ähnlichen Überfigur stilisiert. Dies lasse die anderen Renegaten und Outlaws zu blassen Nebengestalten schrumpfen, die ihrerseits nicht mehr viel Agency hätten und vom «Auserwählten» abhängig seien, der als einziger in der Lage sei, die Matrix mattzusetzen und die Menschen zu befreien (obschon sie dies mehrheitlich gar nicht wollen). Auch die wichtigste weibliche Figur, Trinity (Carrie-Anne Moss), ist zwar eine mutige Renegatin. Sie ordnet sich aber klar Neo unter, unterstützt ihn und hilft ihm nach Kräften, seine Rolle als Auserwählter spielen zu können.

Tatsächlich nimmt die Figur von Neo in der «Matrix» eine alldominante Rolle ein. Gleichzeitig haben aber auch die anderen Figuren einen freien Willen, wie die Beispiele von Cypher, der sich für die Matrix entscheidet, und von Morpheus und Trinity zeigen, die aus freiem Willen und mit voller Überzeugung an der Seite von Neo den Kampf gegen die Matrix führen. Um hier AI sprechen zu lassen: «Neo bricht vollständig mit der künstlich erzeugten Realität, die von den Maschinen kontrolliert wird. Er wird zur zentralen Figur des Widerstands gegen diese Ordnung. Er hackt sich buchstäblich und ideologisch aus dem System heraus. Für Agent Smith und das System ist er ein abtrünniger Virus, eine Bedrohung für das

Gleichgewicht – also das Paradebeispiel eines Renegaten».[271]

Die Star-Wars-Spinoff-Serie «Andor» von Disney+ (2022/2025) mit insgesamt 24 Episoden erzählt die Vorgeschichte zu «Rogue One» (2016). Die Serie folgt dem charismatischen Cassian Andor, dem Einzelgänger, der seine verschollene Schwester sucht. Andor wird zum Outlaw, als er auf dem Planeten Morlana One zwei Sicherheitsbeamte erschiesst. Von da an wird er gejagt und dann widerwillig zum Renegaten und Pfeiler der Rebellion gegen das Galaktische Imperium. «Andor» erzählt die Entstehungsgeschichte des Widerstands gegen das immer repressivere und brutalere autoritäre System von Imperator Palpatine und seiner rechten Hand Darth Vader. Das Imperium ist daran, den Todesstern zu bauen, eine Massenvernichtungswaffe, die ganze Planeten auslöschen kann. Ein zentraler Machtpfeiler des Imperiums ist das Imperiale Sicherheitsbüro (ISB).

Die Serie ist in vielerlei Hinsicht aussergewöhnlich und auch für jemanden, der wenig für Science-Fiction übrighat, beste Unterhaltung und erzählerisch und inhaltlich spannend, eben gerade, weil auf plumpe und schulmeisterliche Gegenwartsbezüge verzichtet wird. Ich erzähle hier aus Platzgründen die Geschichte von «Andor» nicht nach. Die folgenden Schlaglichter sollen die in unserem Kontext wichtigen Aspekte kurz beleuchten.

Das autoritäre System des Imperiums dreht die Daumenschrauben immer mehr an. Das ISB wird immer rücksichtsloser.[272] Die Renegaten sind aus der Sicht des ISB nichts als Keime, die aufgespürt und zerstört werden müssen, «egal, ob sie von innen kommen oder von aussen eingedrungen sind». Das Imperium unterhält ein System von Arbeitslagern, eine Art Gulag, in dem sich Gefangene zu Tode arbeiten müssen. Andor gerät zufällig in ein solches Lager, als er auf dem Planeten Niamos, wo er versucht, unterzutauchen, bei einem Spaziergang willkürlich aufgegriffen wird. Verdächtigt, Teil einer Aktion gegen das Imperium zu sein, wird er – weil er zur falschen Zeit am falschen Ort war – wegen «rebellischen Aktivitäten» zu sechs Jahren Straflager verurteilt. Ihm gelingt der Ausbruch. Auf dem Planeten Ghorman kommt es alsdann zu einem Massaker, weil sich die lokale Bevölkerung nicht dem Imperium unterwerfen will, das die Rohstoffe des Planeten ausplündert, die für den Bau des Todessterns gebraucht werden.

Gegen das Galaktische Imperium formiert sich der Widerstand jener, die sich für die Freiheit einsetzen und gegen die Gleichschaltung unter die «Neue Ordnung» stellen. Politisch stützt sich die Rebellion auf Senatorin Mon Mothma. In ihrer Opposition gegen das autoritäre System im Allgemeinen und gegen die brutale Repression auf Ghorman im Besonderen bleibt Mon Mothma aber weitgehend isoliert. Die Senatselite lebt auf dem Planenten Coruscant luxuriös und abgehoben. Fast niemand wagt es, zu widersprechen und sich gegen die Masse jener zu stellen, die vor allem aus Angst, aber auch aus Bequemlichkeit oder Überzeugung das Imperium stützen.

Im Hintergrund ist es der Antiquitätenhändler Luthen, der die Rebellion aufbaut. Er tut dies ruchlos und ist bereit, für die Sache sogar langjährige Weggefährten zu opfern. Er ordnet dem Kampf gegen das Imperium alles unter – auch sein eigenes Leben: «Ich arbeite für den Sonnenaufgang, den ich nie sehen werde».

In einer frühen Episode der Serie tritt Nemik auf, der bei einer riskanten, aber erfolgreichen Operation einer kleinen Gruppe von Rebellen, der auch Cassian Andor angehört, gegen eine Garnison des Imperiums auf dem Planenten Aldhani getötet wird. Doch zuvor übergibt Nemik Andor ein Manifest, das die Ziele der Rebellion zusammenfasst und in unserem Kontext besonders interessant ist.

Nemik stellt fest, dass die autoritäre Herrschaft mit der massiven Repression weitreichenden Einfluss auf die Menschen hat, die zunehmend gefügig und gleichgeschaltet werden: «Die Liste der Dinge, die wir wussten und dann wieder vergessen haben, wird immer länger. Dinge, die man uns vergessen liess. Dinge wie Freiheit». Fatalismus macht sich breit: «Du denkst also, es ist aussichtslos, oder? Freiheit? Unabhängigkeit? Gerechtigkeit? Wir sollten uns einfach unterwerfen und dankbar sein? Einfach nehmen, was uns gegeben wird?» Nemik beobachtet, dass viele sich nurmehr für das bequeme Leben interessierten: «Besser essen, schlafen und tun, was Du willst». Aber es gebe einen anderen Weg, nämlich jenen der Freiheit.

Das Imperium beschleunigt und vertieft bewusst die Repression, denn so beginnt – wie Nemik festhält – das «Tempo der Repression» «unser Verständnisvermögen» zu übersteigen: «Und genau darin besteht der wahre Kern der imperialen Denkmaschinerie. Es ist einfacher, sich hinter 40 Gräueltaten zu verstecken als hinter einem einzigen Vorfall».

Doch Nemik sieht keinen Grund, zu verzweifeln. Denn aus seiner Sicht ist das Imperium eigentlich schwach und die Idee der Freiheit wirkungsmächtig: «Denk daran: Freiheit ist eine reine Idee. Sie entsteht spontan und ohne Anleitung. Und selbst der kleinste Akt des Aufruhrs treibt unsere Linien voran. Das imperiale Verlangen nach Kontrolle ist so verzweifelt, weil es so unnatürlich ist. Tyrannei erfordert ständige Anstrengung. [. . .] Unterdrückung ist die Maske der Angst. Eine einzige Sache wird die Belagerung durchbrechen». Und bis es so weit ist, ist der Kopf das ultimative Rückzugsgebiet des Renegaten und des Outlaws. Oder wie es Maarva, Andors Adoptivmutter, sagt: Es gibt einen Ort, den das Imperium nicht zerstört hat und nicht erreichen kann: «Dieser Ort ist in meinem Kopf».

Cassian Andor ist ein misstrauischer Einzelgänger. Als er zwei Sicherheitsleute erschiesst, wird er zum vom Imperium gejagten Outlaw, aber nicht, weil er ein Renegat der Freiheit sein möchte – was er anfänglich eben gar nicht ist und will –, sondern weil er zwei Personen ermordet hat. Andor geht es schlicht um das eigene Überleben. Auf die ersten Anwerbungsversuche von Luthen, der ein grosses Potenzial in Andors Fähigkeiten und Mut sieht, reagiert Andor entsprechend ablehnend und skeptisch. Er lässt sich nur widerwillig auf Luthens Angebot ein, hauptsächlich wegen des Geldes, nicht aus Überzeugung. Auch Nemiks Freiheitsmanifest hält Andor anfangs bloss für nutzlose Theorie.

Erst im Verlauf der Serie entwickelt Andor eine Bindung an die Rebellion und die Überzeugung, dass der Widerstand gegen das Imperium notwendig und richtig ist. Er wird zum hartgesottenen Renegaten, der agiert und handelt. Er ist dank seiner Entschlossenheit und seinen Fähigkeiten als Pilot ein zentraler Akteur der Rebellion. Er ist massgeblich an Sabotage, Spionage und Attentaten gegen das Imperium beteiligt. Andor wendet sich gegen das Imperium, das für Unterdrückung, Kontrolle und Gewalt steht, und entscheidet sich für die Freiheit – allerdings erst nach einem langen inneren Wandel.

Der Holocaustüberlebende als Outlaw: Kertész, Manea, Améry

> *Unsere Epoche fördert das Fortbestehen des Individuums nicht: Es ist leichter, sich welterlösenden Ideen hinzugeben, als auf der eigenen, einzigartigen und unwiederholbaren Existenz zu beharren.*
> (Imre Kertész)[273]

Wir wechseln nun von literarischen oder Film-Figuren zu realen Outlaws, Renegaten und Einzelgängern. Am 10. Oktober 2002 veröffentlichte die schwedische Akademie eine Medienerklärung mit den Breaking News, dass der Nobelpreis für Literatur an den ungarischen Schriftsteller Imre Kertész (1929–2016) gehe. Der Geehrte selbst fand die Entscheidung verblüffend. Da erhalte einer den Nobelpreis, der «keinerlei Lobby besitzt, nicht Englisch spricht und die Welt sehr düster sieht».[274] Die Kritik war recht grosszügig mit dem wenig bekannten Kertész. Gleichzeitig schwang in vielen Kommentaren eine gewisse Ratlosigkeit mit: Wer war dieser ungarische Jude, dieser Einzelgänger? Was war von seiner dunklen Literatur zu halten?

Kertész war und ist ganz sicher kein Schriftsteller für die Massen, für mich ist er aber einer der wichtigsten des letzten Viertels des 20. Jahrhunderts. Ihn zu lesen, eröffnet eine Gedanken- und Erfahrungswelt, die fremd und weit weg ist und doch in die Zukunft weist und eine Unmittelbarkeit und eine Eindringlichkeit hat, der ich mich nie entziehen konnte. Kertész ist ein Chronist der zivilisatorischen Brüche der europäischen Geschichte des 20. Jahrhunderts, aber nicht als Historiker, sondern als Schriftsteller, der – und das ist bedeutsam hier – niemanden belehren oder überzeugen wollte, sondern nur für sich selbst schrieb. Sein Schreiben war eine existenzielle Arbeit, und wenn Kertész über Auschwitz nachdachte, dachte er – wie er selbst schrieb – «paradoxerweise vielleicht eher über die Zukunft nach als über die Vergangenheit».[275]

Die Verfolgung, die in den Holocaust mündete, hatte Kertész zutiefst geprägt, ebenso die Unmöglichkeit der Heimat. Er war sicher ein Einzelgänger und ein Outlaw oder – besser und genauer – wurde zum Einzelgänger und Outlaw gemacht. Die Ähnlichkeiten zum rumänisch-jüdischen Schriftsteller Norman Manea, den ich fast zeitgleich für mich entdeckte wie Kertész, sind offensichtlich. Diese feinen impliziten Verbindungen bestehen zwischen allen Autoren – wie Primo Levi (1919–1987), Paul Celan (1920–1970) oder Jean Améry (1912–1978) –, die den Holocaust überlebt hatten. Im Kern haben diese Verbindungen «mit dem höchst problematischen Verhältnis Überlebender zu ihrem Weiterleben nach Auschwitz»[276] und der existenziellen Erfahrung des Schmerzes, der Verfolgung, des Alleinseins und der Heimatlosigkeit zu tun. Bei Levi, Celan und Améry führten die Erfahrungen der Shoah in den späten Selbstmord, derweil Kertész und Manea ein zweites Mal überlebten. Sein zweites Überleben schrieb Kertész dem Schreiben zu: Jedes Buch sei ein aufgeschobener Selbstmord.[277]

Imre Kertész wurde 1929 in Budapest geboren. 1944 wurde er zuerst nach Auschwitz und von dort in ein Aussenlager von Buchenwald verschleppt. Zurück in Ungarn schloss Kertész das Gymnasium ab, arbeitete als Journalist und wurde nach dem Militärdienst freier Schriftsteller, wobei er vor allem mit eher seichten Theaterstücken und Musicals sein Geld verdiente. Im Versteckten arbeitete er mehr als zehn Jahre lang an seinem ersten Roman. Seine Bücher waren im kommunistischen Ungarn nicht erwünscht; er war als Person knapp geduldet.[278] Kertész hatte in dieser Zeit – wie er in seiner Nobelpreisvorlesung sagte – gar kein Publikum: «[Was] ich schrieb, richtete sich an niemand».[279] Erst nach der Wende wurde sein Werk breiter rezipiert und übersetzt. Kertész konnte nun fast ungehindert schreiben und publizieren – wobei die Anfeindungen in Ungarn entsprechend zunahmen. Kertész verbrachte denn auch viel Zeit in Berlin.

Kertész als Schriftsteller auf den Holocaust oder auf sein Jüdischsein zu reduzieren, wäre falsch und würde der enormen Tiefe und Breite seines Werkes nicht gerecht. Der Schweizer Journalist Andreas Breitenstein hielt treffend fest, Kertész sei «nicht einfach nur der Wächter und Zeuge von Auschwitz. Sein Werk ist eine umfassende Diagnose unserer Gegenwart. Viele seiner düsteren Analysen sind von schockierender prophetischer Kraft».[280]

Mit dem Jüdischsein haderte Kertész. Er sei – so sagte er einmal – «hinbefohlen worden» ins Jüdischsein. Er habe «nie daran gedacht, dass ich Jude bin», und das Judentum als Religion nie verstanden. Aber dank oder wegen des Jüdischseins habe er «die allumfassende Erfahrung menschlichen Ausgeliefertseins im Totalitarismus» gemacht. Er als Jude sei so die «Negation menschlichen Hochmuts, Negation von Sicherheit, ruhigen Nächten, friedlichem Seelenleben,

Konformismus».[281] Der Holocaust habe ihn zum Juden gemacht.[282]

Der Antisemitismus, die Verfolgung und die Shoah waren für Kertész Kristallisationspunkte seines Werkes. Kertész durchlebte in Ungarn auch die Dekaden des Kommunismus. Das Leben hinter dem Eisernen Vorhang empfand er als «Welt der Knechtschaft»,[283] einer zweiten Unterdrückung und Verfolgung gewissermassen. Tatsächlich sah Kertész «[eine] – gleichwohl weniger tödliche – Kontinuität der Unterdrückung» von Faschismus und Kommunismus,[284] eine «Fortsetzung des Lebens in Knechtschaft».[285]

Der innere Widerstand, in den sich Kertész als junger Mann im kommunistischen Ungarn zurückzuziehen begann, prägte sein Leben bis zum Zerfall des Ostblocks. Seine Opposition war subversiv und still. Er verliess das kommunistische Ungarn nicht und schrieb im Versteckten. Publizieren konnte er ja kaum. So lebte Kertész – wie er 1960 in sein Tagebuch schrieb – in einer «Leere, die langsam zum Dauerzustand meines Lebens wird», und in der Entfremdung: «Zurzeit bin ich wieder viel allein».[286] Kertész wies aufgrund seiner Erfahrungen – in seiner Nobelpreisvorlesung sprach er von einer existenziellen Bewusstwerdung – «die trunkene Lust, sich in der Masse zu verlieren», immer von sich. Das prinzipielle «Heraustreten aus dem berauschenden Marsch» bedeutete für Kertész Einsamkeit, Allein- und Einzig-Sein – aber auch Leben und Freiheit.[287]

Im Ungarn nach 1989 war Kertész frei, zu publizieren. Er konnte nun reisen. Aber er blieb ein Fremder in seinem eigenen Land. Er blieb als Jude am Rande der ungarischen Gesellschaft. Jude zu sein in einem Land, dessen jüdische Bevölkerung im Holocaust fast vollständig ausgelöscht worden und wo der Antisemitismus vor, während und nach der Shoah gleichermassen virulent war, erlebte Kertész als «Erfahrung der Ausgrenzung».[288] Der Jude ist «vollkommen allein»,[289] er wird zum Outlaw.

Kertész‘ Einzelgängertum war so zugespitzt, dass er sein Alleinsein und Alleindenken in diese Worte fasste, die einen erschaudern lassen: «Stille Zufriedenheit darüber, dass ich in meiner Heimat ein vollkommener Fremder bin, ein Fremder unter den Menschen, ein Fremder in der Welt. Ich erfülle meine Aufgabe als Abgesandter einer anderen Welt – wobei ich über diese andere Welt nichts Genaueres weiss: nur so viel, dass sie nicht existiert».[290]

Für Kertész gab es weder Heimat noch Identität: «Ich bin anders als sie, anders als die andern».[291] Diese lebenslange Realität des Andersseins, die persönlichen Erfahrungen mit dem Faschismus und dem Kommunismus und dem rabiaten ungarischen Antisemitismus als «Rausch des Kollektiven»[292] brannten in Kertész den Wert der eigenen Meinung, des Individuums, eben «der eigenen, einzigartigen und unwiederholbaren Existenz» ein. Auch im kommunistischen Ungarn sah Kertész «überall, wo ich hinblicke, die Verödung, Verflachung und den stillen Niedergang des Lebens in ein und demselben seichten Morast wohlhabenden oder kümmerlichen Komforts».[293]

Diese tiefe Abneigung gegenüber der Masse, dem Kollektiv und dem Mob machte Kertész auch skeptisch gegenüber dem Wunsch nach sozialer Gerechtigkeit. Dieser Wunsch habe in der Realität «die grössten sozialen Ungerechtigkeiten in der Welt geschaffen». So schrieb Kertész: «[Die] Beschäftigung mit dem Schicksal von anderen – die Vernachlässigung der eigenen Existenz – hat zu den schrecklichsten Massenmorden geführt».[294]

Ende 2003 oder Anfang 2004 lud Kertész den rumänischen Schriftsteller Norman Manea in Berlin zu einem Abendessen ein. Manea ist sieben Jahre jünger als Kertész. Auch er hatte den Holocaust überlebt. Die beiden hatten sich vorher wohl nie getroffen. Kertész fand die Unterhaltung mit Manea «angenehm».[295] Manea seinerseits berichtet, er habe mit Kertész den Einfluss des Holocaust auf ihre jeweilige schriftstellerische Arbeit besprochen. Bei ihm – Manea – sei der Holocaust von sekundärer Bedeutung geblieben, weil er als kleines Kind ins Lager kam und sein ganzes Erwachsenenleben in einem kommunistischen System verbrachte, das ihn viel stärker prägte.[296] Mehr wissen wir über die Begegnung nicht.

Norman Manea erschliesst sich dem raschen Leser und der raschen Leserin meines Erachtens noch weniger als Kertész. Wer keine guten Kenntnisse Rumäniens und der rumänischen Geschichte und Literatur hat, wird sich bei Manea rasch langweilen. Seine Werke sind dicht, voller Anspielungen und Querverweise. Manea selbst gibt freimütig zu, dass er «doppeldeutig und wahrscheinlich ein komplizierter Schriftsteller» sei.[297] Manea schreibt «zwischen den Zeilen».

Manea wurde 1936 im Dorf Burdujeni geboren, das heute ein Stadtteil Suceavas ist. Burdujeni liegt im südlichen Teil der historischen Landschaft der Bukowina, die bis zum Zweiten Weltkrieg stark jüdisch geprägt war – mit unzähligen Shtetlech von Radautz/Rădăuţi, Sereth/Siret bis Wischnitz und der Metropole Czernowitz. Der Norden der Bukowina mit Czernowitz gehörte bis zum Ende des Ersten Weltkrieges zu Österreich-Ungarn. Nach dem Auseinanderbrechen der k. u. k. Doppelmonarchie verleibte sich Rumänien diesen Teil der Bukowina ein. 1939 musste Rumänien die Nordbukowina auf Druck seines Verbündeten Nazi-Deutschland bereits wieder an die Sowjetunion abtreten – wie Ribbentrop und Molotow dies im berüchtigten, nach ihnen benannten Pakt vereinbart hatten.

Im Sommer 1941 griff Rumänien an der südlichen Front zusammen mit deutschen Truppen im Rahmen der Operation Barbarossa die Sowjetunion an und stiess rasch in die Bukowina und nach Bessarabien – die heutige Republik Moldau – vor.[298] Während dieses Vorstosses kam es zu unzähligen Massakern an der jüdischen Bevölkerung. Allein im Juli/August 1941 wurden so über 43’500 Jüdinnen und Juden umgebracht – von rumänischen Soldaten, Gendarmen und Zivilisten. In der Folge errichtete Rumänien in Transnistrien ein dichtes Netzwerk von rund 200 Ghettos, Arbeits- und Konzentrationslagern. Die lokale jüdische Bevölkerung sowie die Jüdinnen und Juden aus der Bukowina und aus Bessarabien wurden dorthin verschleppt – darunter auch der fünfjährige Norman Manea und seine Familie, aber zum Beispiel auch der etwas ältere Edgar Hilsenrath (1926–2018), der aus Halle stammte, mit seiner Familie 1938 nach Sereth/Siret in die Bukowina geflüchtet war, von dort in ein Ghetto nach Transnistrien verschleppt wurde, überlebte und später ebenfalls Schriftsteller wurde.[299]

Das Leben in den Lagern war extrem hart. Zehntausende von Jüdinnen und Juden starben an Krankheiten, Kälte und Erschöpfung oder wurden exekutiert.[300] Allerdings waren die Überlebenschancen in Transnistrien im Vergleich zu jenen in den deutschen Vernichtungslagern, die gegen Null tendierten, mit 50 Prozent relativ hoch. Zwischen 1941 und dem Kollaps des faschistischen Antonescu-Regimes 1944 hatte Rumänien aber aus eigenem Antrieb mit dem Ziel einer umfassenden «Säuberung» der von Rumänien eroberten Gebieten über 300'000 Jüdinnen und Juden ermordet – mehr als jedes andere Land nach NS-Deutschland.[301] Norman Manea überlebte, schloss in Suceava das Gymnasium ab und studierte dann in Bukarest Ingenieurswesen.

Manea begann 1966 zu schreiben. Er tat dies ähnlich wie Kertész weitgehend im Versteckten und lebte zurückgezogen.[302] Manea äusserte Kritik am Ceauşescu-Regime, tat dies aber dosiert und vorsichtig, was mithin den verflochtenen und doppeldeutigen Schreibstil erklärt. Dieser Stil setzt sich durch Maneas ganzes Werk fort. Auch sein später Roman «Der Schatten im Exil» bewegt sich an der Schnittstelle zwischen Autobiographie und Dichtung.[303] Er ist durchzogen von Anspielungen zwischen den Zeilen, folgt einem Mann ohne Namen – dem «Passagier», «Exilanten» oder «Nomaden» – ins Exil nach Berlin und dann Amerika und führt den Leser in «eine undurchdringliche, unwirkliche Welt».[304]

Die innere Emigration war für Manea die einzige Option angesichts der Abgründe des rumänischen «byzantinischen Sozialismus» und der kommunistischen Gräuel, die die «früheren nicht etwa ersetzt [hatten], sondern [...] mit ihnen verschränkt» waren.[305] Die innere Emigration ist so «eine Form von kompensatorischem Widerstand gegen die allgemeine Impotenz und Hörigkeit im grotesken Theater der Demagogie und ihrer Fallen».[306] Manea ging 1986 aufgrund des zunehmenden Drucks und des offenen Antisemitismus in der letzten Phase des nationalkommunistischen Regimes Rumänien ins amerikanische Exil.[307] Die Augenblicke des Glücks sind bei Manea Augenblicke der Einsamkeit, des Lesens und des Schreibens.[308]

Die Erfahrungen der jahrzehntelangen inneren Emigration und dann des Exils in den USA, wo Manea zwar willkommen war und sich schriftstellerisch frei entfalten konnte, aber doch immer etwas fremd blieb, prägten den Schriftsteller: «Ich wurde 1941, mit fünf Jahren, von einem Diktator und einer diktatorischen Ideologie an einen Ort des Todes verbannt, und mit fünfzig zwangen mich in sarkastischer Symmetrie ein anderer Diktator und eine andere diktatorische Ideologie erneut ins Exil».[309] Manea bleibt als Schriftsteller denn auch «beim Thema der Entfremdung, der Unterdrückung, des Unbehagens, wo immer es sich einfinden mag: ob in den Lagern, unter dem Kommunismus oder hier im Exil».[310]

Wie bei Kertész sind auch bei Manea die kommunistischen Verbrechen und Gräuel mit jenen des Faschismus und Nationalsozialismus «verschränkt».[311] Manea stellt fest, dass der Kommunismus den Raum und die Zeit verstaatlichte und so auch das Individuum, «dessen letzter virtueller Besitz ja die Zeit war».[312]

Die Fremdheit mit Rumänien blieb für Manea eine Konstante. Nach der Wende gelang Teilen des Ceauşescu-Regimes die Eigenreproduktion im postkommunistischen Rumänien. Viele Kader, gerade auch des Geheimdienstes Securitate, sicherten sich neue einflussreiche Jobs, wurden dank der alten Seilschaften in der frühen Phase der Privatisierungen reich und bauten sich kleine oder grosse Firmenimperien auf. Nach der Wende kam es in Rumänien auch zu einer revisionistischen Wende zurück zum Nationalismus der dreissiger Jahre. Da und dort blühten ein aggressiver Nationalismus und sogar der Antonescu-Kult wieder auf. Manea stellte ernüchtert fest, dass sich die rumänische Elite «am Jahr 1938 orientiert – nicht am Jahr 2000».[313] In diesem Kontext war eine Rückkehr des Einzelgängers Manea in ein Land, das ihm zutiefst fremd war und dessen neu-alte Elite ihn verachtete, undenkbar. Manea war und blieb ein Outlaw in der Ferne.

Das zentrale Werk Maneas ist «Die Rückkehr des Hooligan». Das Buch wurde 2003 auf Rumänisch publiziert. Als ich den Titel des Buches sah, war ich erstaunt. Meinte Manea, dieser feinfühlige rumänische Jude, wirklich sich selbst? Ja, Manea meinte tatsächlich sich selbst. Und der Titel des Buches spielte auf eine Episode aus dem Leben des rumänisch-jüdischen Schriftstellers Mihail Sebastian (1907–1945) und dessen Essay «Wie ich zum Hooligan wurde» von 1935 an.

Sebastian, der 1907 in Brăila als Iosif Hechter geboren wurde, war eine schillernde Persönlichkeit. Sein Vorkriegs- und Kriegstagebuch gehört zu den wichtigsten Quellen und Sittenbildern des faschistischen Rumäniens, seiner Eliten im sich mondän gebenden, aber doch provinziellen Bukarest und der jüdischen Gemeinschaft in der Hauptstadt, die während des Zweiten Weltkriegs der Deportation und Vernichtung knapp entging, aber gesellschaftlich völlig marginalisiert war. Sebastian dokumentierte eindrücklich den sich radikalisierenden Antisemitismus in Rumänien in den dreissiger Jahren und den Holocaust in rumänisch-kontrollierten Gebieten ab Sommer 1941: antijüdische Gewaltakte, die häufiger und heftiger wurden, das Berufsverbot für jüdische Journalisten und Anwälte, die Einberufung von Juden zur Zwangsarbeit, die «absolute Bestialität» des Bukarester Pogroms der Eisernen Garden vom Januar 1941, der Massenmord an den Juden von Iaşi im Sommer 1941 oder die in Bukarest sehr wohl früh bekannten Massaker an Juden in den eroberten Gebieten der Bukowina und Bessarabiens im Sommer 1941.[314]

Sebastian studierte beim faschistischen Philosophieprofessor Nae Ionescu (1890–1940), der einen Intellektuellenzirkel um sich scharte, dem sich auch der spätere berühmte Religionshistoriker Mircea Eliade (1907–1986) und der Philosoph Emil Cioran (1911–1995) anschlossen.[315] Sebastian dokumentierte in seinem Tagebuch das Abgleiten von Eliade, Cioran und anderen nach rechts und zu den Eisernen Garden eindrücklich. Sebastian selbst war hin- und hergerissen zwischen der Faszination für Ionescu und dem Wunsch, Teil dieser Bewegung zu sein, und seinem Jüdischsein und seiner Abneigung gegenüber dem mehr oder weniger offenen Faschismus von Ionescu und seinen Jüngern. Ähnlich ambivalent und komplex war Sebastians Freundschaft mit Eliade.[316]

Am 30. März 1935 schrieb Sebastian in sein Tagebuch, die gestrige Vorlesung von Ionescu sei erdrückend, «so peinlich hitlerfreundlich» gewesen. Alles habe sich um die Eisernen Garden gedreht – «ohne jegliche Nuancen, Einschränkungen oder Entschuldigungen». Ionescu vertrete eine Häresie, die «von einer furchtbaren, barbarischen Abstraktion» ausgehe, nämlich dem «Kollektiv». Ionescu vergesse, dass die Menschen «den Wunsch nach Freiheit, ein Bewusstsein ihrer individuellen Existenz besitzen».[317]

1934 publizierte Sebastian seinen Roman «Seit zweitausend Jahren». Ionescu hatte auf Wunsch von Sebastian das Vorwort geschrieben. Dieses fiel nicht so aus, wie es sich Sebastian erhofft hatte, sondern war eine krasse Apologie des Antisemitismus. Sebastian liess es trotzdem (oder gerade deswegen) unverändert abdrucken: «Juda leidet, weil er Juda ist. Iosif Hechter, du bist krank. Du bist krank in deiner Substanz, weil du nicht anders kannst als leiden und weil dein Leiden tiefe Ursachen hat».

Sebastian reagierte auf Ionescus Vorwort mit dem Essay «Wie ich zum Hooligan wurde», in dem er der rumänischen intellektuellen Elite deren «Rhinozerisierung» vorwarf. Die Angriffe gegen ihn wertete Sebastian als – wie es der Herausgeber seiner Tagebücher, Edward Kanterian, 2004 schrieb – «ein Zeichen für die Richtigkeit seiner Position, nämlich der Verteidigung der Autonomie des Individuums». Oder wie es Sebastian selbst geradezu paradigmatisch formulierte: «Ich bin kein Anhänger irgendeiner Idee oder irgendeines Anführers, ich bin immer Dissident. Vertrauen habe ich nur in das jeweilige Individuum [. . .]. Der Tod des Individuums bedeutet den Tod des kritischen Geistes, in letzter Instanz den Tod des Menschlichen überhaupt».[318]

Der Abdruck des unveränderten Vorwortes Ionescus und sein Essay von 1943 brachte Sebastian «nur Kritik und Anfeindungen» ein und stigmatisierte ihn als «Hooligan», als den er sich ja selbst bezeichnet hatte. Darauf spielte Manea im Titel seines Buches an: Er, Manea, sah sich wie Sebastian als Einzelgänger und Outlaw, eben als ein Hooligan, der bei Manea «marginal, unangepasst, ausgegrenzt» ist.[319] Manea sieht keine Möglichkeit, Teil der rumänischen Elite, ja nicht einmal der rumänischen Gesellschaft zu werden, die in wegstösst und als Fremdling empfindet. Gleichzeitig will Manea auch gar nicht Teil dieser Elite und Gesellschaft sein, sondern seine Eigenheit bewahren und sich selbst sein. Mit den Wölfen zu heulen, ist für Manea weder erstrebenswert noch möglich. Er ist von der Geschichte imprägniert für die Gefahren der aufgepeitschten Masse – sei sie faschistisch oder nationalkommunistisch. Manea weiss – wie es ein anderer Holocaustüberlebende, Viktor E. Frankl (1905–1997), schrieb –, dass das Individuum in der Masse untergeht und sich als freies und verantwortliches Wesen aufgibt.[320]

Hier drängt sich ein kurzer Einschub zu Franz Kafka (1883–1924) auf.[321] Norman Manea hatte eine besondere Affinität zum Prager Schriftsteller. Das ist auffällig, aber nicht überraschend, denn auch andere Schriftsteller, die den Holocaust überlebt hatten, empfanden eine besondere Verwandtschaft im Denken und Schreiben mit Kafka. Manea verweist wiederholt auf Kafka, dessen Leben und Werk aus seiner Sicht «ein individualisiertes und zugleich elementares Niemandsland» ergründeten.[322] Kafka war in der Tat einzeln und anders und verkörperte den Typus des Individualisten «als Beobachter statt als Teilnehmer».[323] Die Themen Freiheit und Fremdheit sind in Kafkas Werk stark präsent.[324] Kafka wird auch das folgende Zitat zugeschrieben: «Oft ist es sicherer in Ketten gefesselt, als frei zu sein».

Gegen aussen war Kafka ein braver Beamter, der seine Arbeit tat und systemtreu war. Aber er war ein Einzelgänger und ein Outlaw im Geist, der die Bürokratie, das Autoritäre und die Frage der Individualität in der modernen Massengesellschaft wie kein anderer erfasste und darstellte. Kafkas Geschichten handeln oft von Einzelgängern und Outlaws. Diese Einzelnen sind bei Kafka schwach, machtlos und ineffizient. Freiheit ist eine Illusion. Der Mann vom Lande zum Beispiel, der Eintritt in das Gesetz verlangt, sitzt jahrelang vor dem ersten Tor und wartet vergebens («Vor dem Gesetz»). Er wird vom Türhüter nicht eingelassen. Kurz bevor der Mann vom Lande stirbt, eröffnet ihm der Türhüter, dass dieser Eingang zum Gesetz ausschliesslich für ihn bestimmt war: «[Ich] gehe jetzt und schliesse ihn».[325]

Hannah Arendt (1906–1975) schrieb, in Kafkas Welt liessen «bürokratische Strukturen keinen Raum für menschliches Handeln, Spontaneität, Individualität».[326] Und weiter: «Der Mensch, der sich der Maschinerie nicht unterwirft, selbst wenn die Unterwerfung seinen Tod bedeuten mag, wird als Sünder gegen eine Art göttliche Ordnung angesehen».[327] Gemäss Antony W. Dnes entwarf Kafka Welten, die als geschlossene Systeme konzipiert waren und den Konflikt zwischen dem natürlichen Freiheitsdrang des Individuums und seiner unausweichlichen Bindung an eine moderne Welt mit unbekanntem Ziel aufzeigten.[328] Arendts oder Dnes' Interpretationen illustrieren, weshalb sich Manea, aber auch Kertész zu Kafka hingezogen fühlten.

Nun komme ich zum dritten Holocaustüberlebenden als Outlaw der Freiheit. Jean Améry wurde 1912 als Hans/Chaim Mayer in Wien geboren. 1938 flüchtete Améry nach Belgien, wo er 1940 verhaftet und in ein südfranzösisches Lager verschleppt wurde. Von dort gelang ihm die Flucht zurück nach Belgien, wo er sich dem Widerstand anschloss. 1943 wurde er erneut gefasst, ins Gefängnis gesteckt und gefoltert. Anfang 1944 wurde Améry nach Auschwitz deportiert. Kurz bevor die Rote Armee Ende Januar 1945 Auschwitz befreite, wurde Améry mit anderen Gefangenen ins KZ Bergen-Belsen verschleppt, das Mitte April 1945 von britischen Truppen befreit wurde.

Nach dem Krieg schwieg der Holocaustüberlebende Améry. Er erklärte dieses Schweigen mit seinem Trauma, aber auch mit der Tatsache, dass die Welt um ihn herum dieses Trauma nicht in Frage stellte. Der deutsche Journalist Horst Krüger interpretierte diese Jahre in Amérys Leben als eine Art Latenzphase und meinte in diesem Zusammenhang, dass Améry weder zu den «eilfertigen Bewältigern der Vergangenheit» noch zu denjenigen gehörte, die sich vorschnell versöhnten.[329]

Rund 20 Jahre nach dem Krieg änderte sich dies. Améry stellte fest, dass der Diskurs in Deutschland anders wurde.[330] Die Jahre des Nationalsozialismus im Allgemeinen und der Holocaust im Speziellen wurden in ihrer Brutalität und Radikalität zunehmend relativiert. Améry verspürte eine tiefe Abneigung gegenüber den «von Vergebens- und Versöhnungspathos vibrierenden Juden» wie Martin Buber.[331] Dazu wollte und konnte er nicht gehören. Er wählte den Exit und wurde zum Renegaten der Holocausterinnerung, zum philosophischen Rebellen gegen die Versöhnung.

Für Améry war der Holocaust das «radikal Böse». Alle Erklärungsversuche müssen demnach scheitern. Auschwitz ist für Améry das Erlebnis «einer äussersten *Einsamkeit*».[332] Doch dabei bleibt es nicht. Améry konnte und wollte nicht verzeihen und hielt «durch sozialen Druck bewirktes Vergeben und Vergessen» für unmoralisch.[333] Er pochte auf die deutsche Kollektivschuld «als die objektiv manifest gewordene *Summe* individuellen Schuldverhaltens»[334] und war gegen den berühmten Schlussstrich. Die wenigen «Braven» seien während der Nazi-Jahre und der Shoah «ertrunken in der Masse der Gleichgültigen, der Hämischen und Schnöden».[335] Améry verteidigte seine Ressentiments und seinen Groll und entschied sich dafür, an die Vergangenheit gekreuzigt zu bleiben.[336]

Diese intransigente Haltung – sein Denken als Widerstand gegen die Welt, gegen Gott, gegen Normalität und gegen Vergebung und Versöhnung – führte dazu, dass Améry im öffentlichen Diskurs über den Holocaust und die deutsche Schuld und Verantwortung immer mehr marginalisiert wurde.[337] Améry störte diesen sich aus seiner Sicht langsam, aber sicher ausbildenden Konsens. Er widersetzte sich aufsässig dem berühmt-berüchtigten Schlussstrich. Er blieb ein Einzelgänger und wurde zum Outlaw gemacht. Es war für Améry traumatisierend, dass er – wie es der amerikanische Historiker Omer Bartov schreibt – immer mehr isoliert, marginalisiert und zurückgewiesen wurde.[338] Damit sah sich Améry in seiner Voraussage, dass «die wirklich Unbelehrbaren, Unversöhnlichen, als die geschichtsfeindlichen Reaktionäre im genauen Wortverständnis» «*wir* dastehen, die Opfer».[339] Mit anderen Worten: Den Juden verzeiht man den Holocaust nicht.

Die Erfahrung der Folter war für Améry prägend. Die Folter hat aus Amérys Sicht das Ziel, das Ich des Gefolterten zu zerstören. Der Gefolterte ist alleine mit den Folterern, die alle Macht auf ihrer Seite haben. Es gibt nichts, was der Gefolterte tun oder sagen könnte, um sein Schicksal abzuwenden. Er ist alleine. Mit der Folter kommt das Ende des Weltvertrauens.[340]

Folter ist Schmerz, und Schmerz ist singulär.[341] Im Schmerz sind wir alleine, einsam. Diese absolute Einsamkeit im Schmerz war für Améry eine existenzielle Erfahrung. Genauso prägend war für Améry aber die Vergegenwärtigung, dass die Welt um diesen Schmerz herum dieselbe geblieben ist. Er entstieg der Folterkammer, und die Menschen draussen gingen wie immer ihren Geschäften nach.

Améry, Kertész und Manea waren Outlaws. Die Verfolgung und der Holocaust machten sie zu Ausgestossenen am Rande der Gesellschaft. Das Erlebnis des Holocaust und das Wissen, dass dieses Erlebnis von Aussenstehenden nicht nachvollzogen werden kann,[342] verstärkten nur das Bewusstsein, anders und allein zu sein. Sie wurden während der Shoah auf sich selbst und nur sich selbst zurückgeworfen. Es gab niemanden, dem sie sich hätten anschliessen können, und sie wären auch nie Teil einer Masse geworden, die sie verabscheuten. Ihr Widerstand war vor allem das Schreiben und später – nach dem Krieg für Améry, nach dem Ende der kommunistischen Diktatur (Kertész) und mit dem Exil (Manea) – das Reden. Das Allein-Sein war für die drei Schriftsteller eine Last und bedeutete zugleich Freiheit.

Der Waldgänger: Ernst Jünger

> *Es muss nun zugegeben werden, dass die Behauptung der Freiheit heute besonders schwierig ist. Der Widerstand erfordert grosse Opfer, daraus erklärt sich die Überzahl derjenigen, die den Zwang vorziehen. Dennoch kann echte Geschichte nur durch Freie gemacht werden.* (Ernst Jünger)[343]

Ernst Jüngers langes Leben (1895–1998) und komplexe Biografie waren und sind der Stoff für Kontroversen im Feuilleton. Berühmt wurde Jünger mit seinem epischen Weltkriegserfahrungsbericht «In Stahlgewittern», der mich als Gymnasiast gefesselt und auch abgestossen hatte. Dem jungen – 1918 war Jünger gerade 23 Jahre alt –, mehrfach schwer verwundeten und hochdekorierten Offizier wurde immer wieder die Ästhetisierung von Gewalt, Nähe zum aufstrebenden Nationalsozialismus und Gefühlskälte gegenüber den Opfern des nationalsozialistischen Regimes nachgesagt. Er sei ein Unterstützer des NS-Regimes gewesen oder – um es mit Thomas Mann zu sagen – «ein Wegbereiter und eiskalter Genüssling des Barbarismus».[344] Jünger selbst wies solche Vorwürfe immer resolut von sich. Es sei absurd, den Seismografen für das Erdbeben verantwortlich zu machen – meinte er.[345]

Jünger sah sich als distanzierten, kühlen Beobachter, als Einzelgänger, der von seinem fernen Spähposten herab die Gesellschaft betrachtet und beschreibt. Tatsächlich distanzierte sich Jünger auch früh geografisch vom Epizentrum der Macht und zog aus Berlin weg in die deutsche Peripherie, wo er zurückgezogen lebte und seine intellektuell-elitäre Distanziertheit jenseits tagespolitischer Debatten zelebrierte. Jünger sah sich selbst als Einzelgänger und unnahbaren Betrachter der Welt.

Während es viele Kontinuitätslinien in Jüngers Werk gibt, sind doch im Verlauf der Zeit auch deutliche Nuancierungen und sogar Brüche festzustellen. Gerade beim «frühen», militanten Jünger und dessen journalistischer Tätigkeit in den zwanziger Jahren ist das Geraune von der (ideellen) Nähe zu den Nazis begreiflich, und Jüngers Flirt mit dem Nationalbolschewismus ist geradezu offensichtlich.

Das Erlebnis, beim Kriegsausbruch 1914 «zu einem grossen, begeisterten Körper zusammengeschmolzen» zu sein,[346] prägte Jünger und liess ihn noch in «Der Arbeiter» von 1932 die These aufstellen, das Individuum verschwinde im Krieg und in der Stadt. Aber auch die Masse löse sich auf. Das «bürgerliche Individuum» werde durch den neuen Typus des Arbeiters und die liberale Demokratie durch den Arbeiterstaat mit «kriegerischem Sinn» abgelöst. Die Menschheit stünde vor der Entdeckung einer neuen und unbekannten Welt.[347]

In dieser neuen Welt ist die Verlassenheit das «tragische Schicksal» des Einzelnen, der – so meinte Jünger in seinem typischen Duktus – nicht mehr eine Person oder ein Individuum sei, sondern ein Typus werde. In diesem neuen Zeitalter werde im Gegensatz zum aktuellen der dekadenten «späten Demokratie» wieder «von wirklicher Herrschaft, von Ordnung und Unterordnung, von Befehl und Gehorsam» die Rede sein.[348]

Im dystopisch anmutenden «Arbeiter» kommt auch Jüngers Faszination mit den Topoi vom Kampf als inneres Erlebnis, von Atomisierung und gleichzeitiger Vermassung der Gesellschaft und von industrieller «heroischer» Massenarbeit deutlich zum Ausdruck.[349] Dass «Der Arbeiter» den Eindruck prägte, Jünger sei ein von Nietzsche beeinflusster (Proto-)Faschist mit Sympathien für den Nationalbolschewismus, erstaunt eben nicht.[350] Inwieweit «Der Arbeiter» tatsächlich ein Machwerk (proto-)faschistischen Gedankengutes und Jünger zumindest bis Mitte der dreissiger Jahre ein «politischer Ideologe» mit grosser Nähe zum Nationalsozialismus war,[351] muss hier nicht ausführlich diskutiert werden. Ich teile die Meinung Rüdiger Safranskis, dass sich Jünger zunehmend und immer deutlicher – «in parabolischer Verfremdung» auch in seinen Schriften – vom Nationalsozialismus distanzierte. Mitte der dreissiger Jahre konnte Jünger kaum mehr als ein Unterstützer der Nazis gelten.[352]

Was Jünger in «Der Arbeiter» reserviert, aber eben doch auch – so scheint es mir – bewundernd beschreibt, nämlich die «Auflösung» des Individuums und die Schaffung eines Arbeiterstaates in dauerndem Kriegszustand, ist in seinem Schlüsselroman «Auf den Marmorklippen» von 1939 klar negativ konnotiert. Vom Enthusiasmus für die (angeblich) neue Welt ist nicht mehr viel zu spüren – zum Leidwesen der Nationalsozialisten, die Jünger gerne an ihrer Seite gewusst hätten. Ob die Nazis die glasklaren Messages Jüngers in den «Marmorklippen» nicht verstanden hatten, ob Jünger unantastbar war oder vielleicht doch nicht relevant genug, um ihn zu eliminieren, wird in der Literatur kontrovers diskutiert und sei hier dahingestellt.[353]

Auch die Tatsache, dass Jünger selbst die Bezüge in den «Marmorklippen» zum Nationalsozialismus und zur damaligen politischen Aktualität aus verständlichen Gründen «immer bagatellisiert und gelegentlich auch ganz geleugnet» hat, ändert nichts daran, dass es sich bei dem Roman bei allen zeitlosen und mythologischen Aspekten auch um ein Widerstandsbuch handelte – wie Heinrich Böll (1917–1985) es nannte.[354] Die kritischen Anspielungen auf den Nationalsozialismus und Hitlers verbrecherische Machtpraxis bleiben Anspielungen und werden nicht explizit gemacht, schimmern indes deutlich durch.[355] Jünger war eben auch ein Meister des Schreibens «zwischen den Zeilen».

«Auf den Marmorklippen» ist eine verstörende und – wie immer bei Ernst Jünger – komplex mehrdeutige Lektüre voller Allegorien eines monumentalen Konflikts zwischen dem Küstenland der Grossen Marina und der Tyrannei des Oberförsters. Der Oberförster zieht ein Terrorregime auf, dessen Absicht «die Lähmung des Widerstandes» ist. Er hat kein attraktives Gesellschaftsmodell zu bieten. Seine Herrschaft stützt sich allein auf Gewalt und Zerstörung – ein Modell, das wir auch aus unserer Zeit nur allzu gut kennen. Des Oberförsters Ziel ist es, «die Menschensiedlung zur Wüste oder zum Urwald» umzuwandeln.[356] Massive Repression, Folter in «Stankhöhlen grauenhafter Sorte» und Hetzjagden auf Menschen brechen jeden Widerstand.[357] All dies sind fast unverhüllte Anspielungen auf den Nationalsozialismus und dessen Folter- und Vernichtungsmaschinerie.

Schliesslich gewinnt der Oberförster die Oberhand. Die hochentwickelte, aber im Zerfall begriffene Gesellschaft der Grossen Marina wird zerstört. Der Ich-Erzähler kämpft gegen den Oberförster, überlebt und muss nach der Niederlage ins Bergland von Alta Plana flüchten.

Jüngers Protagonist in den «Marmorklippen» gibt in der Rückschau zu, dass ihm die Nähe zum Bösen – zum Oberförster und dessen Verbündeten – «angenehm» gewesen sei: «[Wir] lebten im Übermute und an den Tafeln der Mächtigen der Welt». Aber ein Irrtum werde «erst dann zum Fehler», «wenn man in ihm beharrt» – was er nicht getan habe.[358] Diese Passagen lesen sich als Eingeständnis Jüngers, dass seine geistige Nähe zu nationalsozialistischen Ideen ein Irrtum war, den er aber in seinem eigenen Verständnis rechtzeitig korrigiert hatte. Auch im «Abenteuerlichen Herz» findet sich eine Passage, in der Jünger einen Protagonisten sagen lässt, es sei ihm plötzlich «mit entsetzlicher Klarheit» eingeleuchtet, dass er dem Bösen – wiederum in Form des Oberförsters – in seinem «einsamen Übermut» «ins Garn gegangen» sei.[359]

Der Ich-Erzähler in den «Marmorklippen» – und in den späten dreissiger Jahren Jünger selbst – geht in die Opposition gegen den übermächtigen Gegner. Dieser Widerstand ist in den «Marmorklippen» zuerst ein militärischer. Er wird aber immer mehr ein geistiger, weil physischer Widerstand sinnlos erscheint. Angesichts der Überlegenheit des Gegners und dann der Zerstörung der Grossen Marina wird deutlich, dass vorderhand der Widerstand «allein durch reine Geistesmacht» bleibt.[360]

Jünger entwirft in den «Marmorklippen» ein Gerüst einer «Theorie» des Widerstands basierend auf der «Dreieinigkeit» Wort, Freiheit und Geist. Diese «Waffen» seien stärker «als jene, die schneiden und durchbohren».[361] Denn die Renegaten in den «Marmorklippen» sehen sich einem übermächtigen Feind gegenüber, der mit ungeheurer Brutalität und Ruchlosigkeit seinen Vernichtungsfeldzug führt. Dieser Gegner hat die Sprache durchsetzt «mit Wörtern, die sonst dem Ungeziefer galten, das ausgerottet, vertilgt und ausgeräuchert werden soll».[362]

Auch hier wird klar Bezug genommen auf den Nationalsozialismus. Die Rede vom Juden (oder anderen Gruppen) als Ungeziefer wurde und wird immer wieder und bis heute als Waffe eingesetzt, die es erlaubt, «die» Juden (oder andere Gruppen) zu entmenschlichen und so den Grundstein für Massenmorde und Genozide zu legen. Wenn der Gegner Ungeziefer ist, kann man ihn zertreten – ohne Skrupel.

In Ernst Jüngers «Marmorklippen» sind paradigmatisch die Kernfragen gestellt, mit denen sich jeder Renegat und Outlaw konfrontiert sieht. Ist es möglich, gegen den Strom zu schwimmen – und sei es «bloss» im eignen Kopf in der inneren Emigration? Ist die innere Emigration eine echte Option oder nur feige? Ist es besser, «mit den Freien einsam zu fallen, als mit den Knechten im Triumph zu gehen»?[363]

Die Antworten auf diese Fragen erscheinen bei Jünger widersprüchlich: Die innere Emigration ist möglich und richtig. Gleichzeitig macht Jünger deutlich, dass es besser und konsequenter wäre, mit den Freien zu fallen. Doch wer fällt, kann keinen Widerstand mehr leisten. Aber ist jener, der in die innere Emigration geht, nicht faktisch ein Komplize der Mächtigen, der nicht kämpfen und sterben will? Ist jener, der tut, was alle von ihm erwarten, aber sich im Stillen etwas anderes denkt, nicht ein Angsthase? Ein solcher Habitus wäre in der Tat – wie Wolfgang Sofsky festhält – «für ein selbständiges Leben definitiv zu wenig».[364]

Bei diesen grundlegenden Fragen von geistigem oder tatsächlichem Widerstand, von Kompromissbereitschaft und Rebellion, von innerer Emigration und der Voice des Renegaten scheint mir ein kurzer Exkurs zum Melier-Dialog angezeigt. Es handelt sich dabei um eine Passage in Thukydides' «Peloponnesischem Krieg». Demnach segelten im Sommer 416 v. Chr. die mächtigen Athener auf die Insel Melos. Dort stellten sie den lokalen Herrschern ein Ultimatum: Entweder unterjocht ihr, die Melier, euch bedingungslos oder wir, die Athener, werden euch und eure Insel zerstören. Die Wahl der Melier war zwischen Unterwerfung und Sklaverei oder Tod und Vernichtung: «[Geben wir] nicht nach, so droht uns Krieg, lassen wir uns aber von euch bereden, Knechtschaft».[365]

Die Melier versuchten mit einigem rhetorischem Geschick, die athenische Gesandtschaft zu überzeugen, dass eine melische Neutralität durchaus in Athens Interesse sein könnte: «Dass wir uns ruhig verhalten und statt eure Feinde Freunde sind, jedoch verbündet mit keinem der beiden Gegner, damit könnt ihr euch nicht zufrieden geben?» Wenn Athen Melos zerstören würde – so fuhren die Melier fort –, wäre dies nicht das klare Signal an alle, die sich bis dahin nicht auf die athenische Seite geschlagen haben, dass Athen irgendwann «auch gegen sie losziehen» würde? Damit – so waren die Melier überzeugt – «stärkt ihr doch nur eure bisherigen Feinde, und die, die es nie werden wollten, treibt ihr dazu, es gegen ihren Willen zu werden».[366]

Die Athener blieben kompromisslos. Die Melier beugten sich nicht. Im Winter 416/415 v. Chr. fiel Melos. Die Melier starben – in Jüngers Worten – in Freiheit. Die Athener – so schrieb Thukydides lakonisch – «töteten alle Erwachsenen, die sie ergreifen konnten, die Kinder und Frauen verkauften sie in die Sklaverei. Sie selbst gründeten den Ort neu und schickten etwas später 500 Siedler dorthin».[367] Hier liegen Parallelen und Ähnlichkeiten zu aktuellen Vorkommnissen, aber auch zur «Andor»-Serie, wo das Imperium allen Bewohnern der Planeten in seinem Einflussgebiet nur zwei Optionen zugesteht, nämlich komplette Unterjochung und Aufgabe der Freiheit einerseits oder vollständige Zerstörung andererseits, auf der Hand.

Doch kehren wir zu Ernst Jünger zurück. 1951 erschien «Der Waldgang». Der Essay beschäftigt sich mit dem Typus des Einzelgängers, Outlaws und Renegaten. Waldgänger sind Menschen, die «vereinzelt und heimatlos geworden» sind und «ein ursprüngliches Verhältnis zur Freiheit» haben.[368] Jünger sah sich natürlich selbst als Waldgänger und pflegte das Eigenbild des heroischen Einzelgängers. Der Wald ist dabei eine Metapher: Er ist undurchdringlich und undurchsichtig. Die Mächtigen können den Waldgänger nicht aufspüren, er kann sich verstecken. In diesem Rückzugsgebiet kann sich der Renegat sammeln und seine Angriffe auf die Mächtigen planen.

Der Waldgänger ist «der konkrete Einzelne», der keine Theorien und keine Gesetze braucht, «um zu wissen, was rechtens ist». Im metaphorischen Wald trifft der Waldgänger auf sein eigenes Ich und seinen unverletzbaren Kern. Es grenze an ein Wunder, wenn man den Wirbeln des Mahlstroms der Modernität, der alles mitreisst, entkommen könne.[369] Im paradigmatischen Wald erkennt Jünger den letzten Ort der Freiheit. Der Rückzug in den Wald ist keine Flucht, sondern eine Entscheidung für Souveränität – für die geistige und Handlungsautonomie des Einzelnen.[370]

Jünger stellt dem Waldgänger, also dem Einzelnen, das Kollektiv gegenüber, das «als das Unmenschliche auftritt». Je grösser und homogener die Masse wird oder scheint, desto unsicherer wird der autoritäre oder totalitäre Staat. Jünger erklärt dieses Paradox wie folgt: «Je näher der Anteil der guten Stimmen den hundert Prozent kommt, desto grösser wird die Zahl der Verdächtigen, denn es ist anzunehmen, dass nun die Träger des Widerstands aus einer statistisch fassbaren Ordnung hinüberwechselten in jene unsichtbare, die wir als den Waldgang ansprechen».[371]

Aus Jüngers Sicht ist die Behauptung der Freiheit «heute besonders schwierig» und erfordere viele Opfer. Daher gebe es nur wenige, die Widerstand zu leisten bereit seien. Die Mehrheit ziehe den Zwang vor: «Dennoch kann echte Geschichte nur durch Freie gemacht werden».[372]

Der «Waldgang» enthält eine für Outlaws, Renegaten und Einzelgänger ermutigende Message, die nichts an Relevanz und Aktualität verloren hat. Jünger beobachtet, dass «diese hochgerüsteten, im Besitz aller Machtmittel sich brüstenden Staaten zugleich so überaus empfindlich» sind. Der geringste

Widerstand wird niedergeschlagen. Die kleinste Abweichung wird bestraft. Die Repression ist indes sehr kostspielig und kann nie alle «Wölfe in der grauen Herde», jene, die wissen, was Freiheit ist, aufspüren.[373] Somit bleiben immer Zellen des Widerstands oder einzelne verborgene Renegaten.

Der autoritäre oder totalitäre Staat ist trotz seiner Fassade der Härte und Geschlossenheit fragil. Einige Einzelne zusammen und vielleicht sogar nur ein Einzelner können ihm gefährlich werden. Es braucht bisweilen wenig, dass das Potemkinsche Dorf in sich kollabiert. Selbst «eine winzige Zahl von Menschen, die wirklich entschlossen sind», können «nicht nur moralisch, sondern auch tatsächlich bedrohlich werden».[374]

Der Wald steht bei Jünger als ein Ort der Freiheit. Der Waldgang ist «gelebter Wille zum Widerstand» – bei Jünger insbesondere gegen die «Tendenz der totalen Nivellierung und Vereinnahmung moderner Massengesellschaften».[375] Rüdiger Safranski hat treffend zusammengefasst, dass der Waldgänger bei Jünger gleichsam «Gottsucher und Partisan» sein kann – also, in unserer Wortwahl, Einzelgänger, Renegat oder Outlaw –, der einer Gesellschaft entgegensteht, die «mal totalitär und mal bloss konformistisch erscheint».

Der Waldgänger ist der Einzelgänger par excellence. Er sucht keine Gemeinschaft, sondern Selbst-Denken und Selbstbestimmung. Er ist ein Renegat, weil er sich in die Natur zurückzieht, um Einsicht, Erneuerung und Stärke zu finden für den geistigen oder tatsächlichen Kampf gegen das, was ausserhalb des Waldes ist. Und der Waldgänger ist auch ein Outlaw, der ausserhalb der gesellschaftlichen Normen steht, ohne ein «romantischer» Rebell zu sein. Die Idee, die sich gemäss Safranski bei Jünger herauskristallisiert, ist jene der «Selbstverdichtung»: ein Mensch, der sich entschliesst, «seine unverwechselbare eigene Existenz zu ergreifen».[376]

Der Philosoph als Renegat: Leo Strauss

Ein Liberaler kann kein Untertan eines Tyrannen oder eines Herrn sein. (Leo Strauss).[377]

Der deutsch-amerikanische Philosoph Leo Strauss (1899–1973) war als alleinstehender und unabhängiger Intellektueller im Zeitalter der Massenideologien und des Relativismus dem Jüngerschen Waldgänger nicht unähnlich. Er war ein Renegat seines Faches, «eine politische und philosophische Herausforderung und Provokation».[378] Strauss wurde 1899 in Deutschland geboren. Er studierte in Hamburg, Freiburg im Breisgau und Marburg. Stark beeinflusst wurde Strauss von Martin Heidegger (1889–1976). Strauss doktorierte beim Hamburger Philosophieprofessor Ernst Cassirer (1874–1945). 1925 ging er nach Berlin, wo er bis 1932 an der Hochschule für die Wissenschaft des Judentums forschte. Seine erste Monografie veröffentlichte Strauss zu Spinoza. Unmittelbar vor der Machtübernahme der Nationalsozialisten erhielt Strauss ein Stipendium der Rockefeller-Stiftung, das ihn zuerst nach Paris und dann nach Cambridge brachte. 1937 siedelte er in die USA über, wo er an der Columbia University Vorlesungen hielt und 1938 Forscher an der New School for Social Research wurde. 1949 wurde Strauss Professor für politische Philosophie an der renommierten University of Chicago, wo er bis zu seiner Emeritierung 1967 lehrte.[379]

Strauss galt als ein charismatischer Hochschullehrer und brillanter Denker. Bei vielen seiner Studierenden war Strauss beliebt und hochgeschätzt. In seinen Werken beschäftigte sich Strauss vor allem mit der griechischen Philosophie, mit Plato, Sokrates und Aristoteles. Strauss war ein dezidierter Kritiker der Moderne im Allgemeinen und der modernen Philosophie im Besonderen. Obschon von Nietzsche beeinflusst und von oberflächlichen Kritikern fälschlicherweise als antidemokratischer Konservativer bezeichnet, war Strauss durchaus ein Befürworter einer «moderaten Aufklärung»[380] und der liberalen Demokratie. Er fand viel Gutes – wenn auch nicht vorbehaltlos – an der amerikanischen Demokratie und am Verfassungsmodell der USA.[381]

Um Strauss entstand ein Mythos, der so weit ging, dass ihn gewisse Autoren am Ursprung des Neokonservatismus – der wohl am wenigsten verstandenen und am meisten für verschwörungstheoretische Projektionen benutzten politischen Idee überhaupt[382] – sahen und ihn allen Ernstes für die Irak-Invasion 2003 mitverantwortlich machten. Dieser Mythos beruhte einerseits darauf – wie Robert Howse,[383] Leora Batnitzky und andere aufzeigen –, dass Strauss schlicht falsch verstanden wurde oder dass ihn die entsprechenden Autoren und Kritiker falsch verstehen wollten. Andererseits trugen einige seiner tatsächlichen oder selbsterklärten Schüler zu einem Strauss-Mythos bei, indem sie sein Gedankengut verbreiteten und weiterentwickelten. Strauss‘ akademischer und politischer Einfluss war indes beschränkt – wir kommen darauf unten zurück. Er hatte sicherlich nicht die ihm angedichtete politische Breiten- und Tiefenwirkung.[384]

Für Strauss war die amerikanische Demokratie ursprünglicher und näher an klassischen Staatsmodellen als die europäischen Systeme, die aus seiner Sicht nicht auf dem Konzept der Freiheit basierten.[385] In der im Naturrecht verankerten Passage in der amerikanischen Unabhängigkeitserklärung, wonach alle Menschen gleich geschaffen und vom Schöpfer mit gewissen unveräusserlichen Rechten ausgestattet sind – Leben, Freiheit und das Streben nach Glückseligkeit – sah Strauss «ohne Zweifel» einen der Gründe, dass die USA «die mächtigste und wohlhabendste Nation der Erde» geworden seien.[386] Die liberalen Demokratien wiederum seien zweifellos dem Kommunismus und Faschismus überlegen.[387]

Gerade für Minderheiten sei die liberale Demokratie – so zeigte sich Strauss überzeugt – die beste Staatsform. So blieben Jüdinnen und Juden zwar immer bis zu einem gewissen Grad heimatlos und gefährdet, aber die liberale Demokratie sei die beste Garantin für die vollen Rechte, Akzeptanz und Prosperität der jüdischen Gemeinschaft.[388] Sie sichere zudem den gesellschaftlichen Pluralismus und die Vielfalt der Lebensentwürfe. Auch der Philosoph könne nur in der Demokratie sein Leben so leben, wie er es wolle:[389] «Demokratie ist durch Freiheit charakterisiert, auch durch das Recht, zu sagen und zu tun, was man will».[390]

Doch Strauss wollte den modernen Liberalismus zurückführen zu den klassischen politischen Denkern und den liberalen Rationalisten des 17. und 18. Jahrhunderts.[391] Oder wie es die amerikanische Philosophin Leora Batnitzky formulierte: «Strauss versucht vielmehr, die klassische politische Philosophie wiederzuentdecken, nicht um zu den politischen Strukturen der Vergangenheit zurückzukehren, sondern um zu ergründen, wie sich vormoderne Denker mit den Spannungen, wenn nicht gar Widersprüchen, die per Definition in der menschlichen Gesellschaft entstehen, auseinandersetzen und damit leben. Für Strauss ist die Anerkennung, nicht die Lösung der Spannungen und Widersprüche, die die menschliche Gesellschaft definieren, der notwendige Ausgangspunkt für die philosophische Rekonstruktion einer Philosophie, Theologie und Politik der Mässigung. All dies, so war Strauss überzeugt, brauche [die Gegenwart] dringend».[392]

Strauss war sich aufgrund seiner eigenen Biografie und Erfahrungen in der Weimarer Republik bestens bewusst, was im Zweiten Weltkrieg im Kampf gegen den Faschismus und dann im Kalten Krieg auf dem Spiel stand. Den Kommunismus sah Strauss als eine Tyrannei, in der der Zweck – nämlich die Machterhaltung des Tyrannen – alle Mittel heiligt. Das Einzige, was die eiserne Herrschaft des Tyrannen mildere oder aber verschärfe, sei «seine Angst vor Palastrevolutionen». Das Wichtigste, was der Westen der stalinistischen Diktatur entgegenzusetzen habe, sei militärische Stärke.[393]

Das Individuum, das sich in der Demokratie, die Strauss eben keineswegs verwirft, von der Masse abhebt, zeichnet sich durch liberale Bildung aus. Im Idealfall würden alle diese Bildung geniessen, um die Demokratie als Aristokratie von allen zu verwirklichen. Unter liberaler Bildung verstand Strauss das konstante Kultivieren des Geistes, das Streben nach Tugendhaftigkeit und Weisheit, die Auseinandersetzung mit den besten Lehrern und den besten Büchern. Die Philosophie sei die Suche nach der Wahrheit. Diese Wahrheit gebe es tatsächlich auch, sie sei also keineswegs nur ein Konstrukt.[394]

Liberale Bildung ist bei Strauss der Gegenpunkt zur Massenkultur und die Leiter, um von der Massendemokratie emporzusteigen zur Demokratie, wie sie ursprünglich gedacht war. Die liberale Bildung – vor allem die Auseinandersetzung mit den klassischen Philosophen – sei ein Training in der höchsten Form der Bescheidenheit und gleichzeitig in Mut: «Sie verlangt von uns den kompletten Bruch mit dem Lärm, der Eile, der Gedankenlosigkeit, der Billigkeit des Jahrmarkts der Eitelkeiten der Intellektuellen und ihrer Gegner. Sie verlangt von uns den Mut, [. . .] anerkannte Ansichten als reine Meinungen anzusehen».[395] Liberale lernten, auf ruhige und kleine Stimmen zu hören und taub zu werden für die Lautsprecher. Sie suchten das Licht und vermieden das Rampenlicht.[396]

Der Liberalismus, den Strauss meinte, erschöpft sich nicht im passiven Laissez-faire. Der Liberale begnügt sich nicht damit, im Wohlstand, sicher und glücklich zu leben. Er strebt nach Exzellenz. Liberale sind tolerant, aber die Toleranz hat dort Grenzen, wo sich der Liberale mit «uneingeschränkter Intoleranz» konfrontiert sieht. Müsse der Liberale in diesem Fall – so fragte Strauss rhetorisch – nicht auf seine moralischen Überzeugungen zurückfallen, die nicht verhandelbar sind: «Ein Liberaler kann kein Untertan eines Tyrannen oder eines Herrn sein».[397]

Strauss‘ Unbehagen mit der Aufklärung und dem modernen Liberalismus war vielschichtig.[398] Es begründete sich darin, dass es sich die Massen gemütlich machten – ja gemütlich machen könnten im Wohlstand und im Konsum – und der dominanten Meinung der unter Umständen durchaus gutmeinenden Obrigkeit widerspruchslos folgten. Dem Westen sei die klare Vision dessen, was er ist, abhandengekommen.[399] Der moderne westliche Mensch wisse nicht mehr, was er wolle, und glaube nicht mehr daran, das Gute und das Böse und das Richtige und das Falsche voneinander unterscheiden zu können.[400] So stellte Strauss die folgende grundsätzliche Frage in den Raum: Wenn der moderne liberale Staat gegenüber Wertfragen unparteiisch ist, wie rechtfertigt der liberale Staat dann seinen eigenen Wert?[401]

Den Naturwissenschaften oder – vielleicht besser – einem naturwissenschaftlich befeuerten Fortschrittsenthusiasmus begegnete Strauss mit Skepsis. Er anerkannte zwar, dass die auf den Erkenntnissen der Naturwissenschaften aufbauenden Technologien die Macht des Menschen exponentiell gesteigert hätten. In dieser Hinsicht sei der moderne Mensch ein Gigant im Vergleich zum früheren Menschen. Aber dieser Zuwachs an Macht spiegle sich in keiner Weise in einem vergleichbaren Zuwachs an Weisheit und Güte. Ob der moderne Giganten-Mensch besser oder schlechter sei als der frühere Mensch, sei offen. Darüber hinaus gelte: Die modernen (Natur-)Wissenschaften kulminierten in der Überzeugung, dass moralische Urteile unmöglich seien. So sei der moderne Mensch zum blinden Giganten geworden.[402]

Strauss' Bild vom modernen Menschen als blindem Giganten gewinnt mit AI eine neue Bedeutung.

AI gewichtet und filtert Informationen für uns, berät uns, schreibt, ja denkt für uns. Einige sagen es längst offen: Weshalb sollen Kinder, Jugendliche und Studierende überhaupt noch schreiben lernen? AI macht das ganz gut und immer besser. Meghan O'Rourke schreibt: «Eine der grössten Herausforderungen besteht darin, dass künstliche Intelligenz den menschlichen Wert der Aufmerksamkeit und die daraus resultierende *Individualität* untergräbt. Was wir verlieren könnten, ist nicht nur eine Fähigkeit, sondern eine Lebensform: die Freude am Erfinden, das spürbare Erleben des Geistes bei der Arbeit».[403]

So fragte Strauss in einer Zeit, lange bevor AI eine Realität war: Wer würde in dieser modernen Welt noch gegen den Strom schwimmen wollen? Wer würde abweichen und anders denken und sein wollen? Der Preis, den ein Individuum zahlen müsse, um sich loszusagen von der Masse und der Mehrheitsmeinung und um herauszutreten aus dem von der Obrigkeit bequem gewärmten Zirkel, sei hoch: «Aber es ist notwendig, diese Anstrengung zu unternehmen».[404]

Strauss beklagte, dass «grosszügige Liberale», Sozialwissenschaftler und Philosophen gleichermassen zunehmend das Naturrecht verwerfen würden. Dies führe zur Unfähigkeit, «zwischen rechtmässigen und unrechtmässigen, gerechten und ungerechten Zielen» zu unterscheiden.[405] Die «Verwerfung von Werturteilen» und die aus Strauss‘ Sicht falsche strikte Unterscheidung zwischen Werten und Fakten gefährdeten im Übrigen auch die historische Objektivität und Erkenntnis.[406] Sie verunmögliche es, die Dinge beim Namen zu nennen. Sie führe auch dazu, dass Historiker «jeden Anspruch auf Erkenntnis»[407] verlören. Denn so könnten Historiker «das auf der Annahme der Möglichkeit objektiver Werturteile beruhende Denken der Vergangenheit, d.h. praktisch alles Denken früherer Generationen», nicht mehr verstehen und deuten.[408]

In einem 1941 publizierten Artikel setzte sich Strauss mit der Frage des Schreibens in Zeiten der Verfolgung auseinander. In Ländern, in denen die freie Meinungsäusserung lange recht umfassend gewesen sei, würde sie nunmehr unterdrückt. Strauss nannte diese Länder nicht. Es liegt aber auf der Hand, dass er primär Nazi-Deutschland meinte. Die grosse Mehrheit der Bevölkerung in diesen Ländern halte die staatlich verordnete Meinung widerspruchslos für wahr. Nur eine Minderheit habe eine abweichende Sicht. Es gebe aber durchaus Möglichkeiten für diese Minderheit, so zeigte sich Strauss überzeugt, ihre Meinung zu äussern, aber nur vorsichtig, metaphorisch und zwischen den Zeilen, um so der Verfolgung zu entgehen. Die Verfolgung könne verschiedene Ausmasse annehmen, von der sozialen Ausgrenzung bis hin zum Extrem der Spanischen Inquisition. In solchen Kontexten würden spezifische, oftmals esoterische Formen des Schreibens entwickelt.[409]

Der Philosoph Arthur M. Melzer ist der Frage des esoterischen Schreibens nachgegangen und dabei zum Schluss gekommen, dass Strauss tatsächlich eine jahrhundertelang weit verbreitete Praxis der geheimen Kommunikation «wiederentdeckt» und diese zum Teil auch selbst angewendet habe.[410] Der englische Theologe Thomas Burnet (um 1635–1715) zum Beispiel habe 1692 geschrieben, dass es allgemein bekannt sei, dass die «weisen Männer» und Philosophen der Antike sehr selten die nackte Wahrheit dargelegt, sondern diese hinter Symbolen, Allegorien, Fabeln, Parabeln oder Bildern «versteckt» hätten.

Erasmus von Rotterdam (gestorben 1536) habe unterstrichen, dass es bisweilen die Pflicht des Schreibenden sei, die Wahrheit zu verbergen. Der jüdische Philosoph Moses Maimonides (gestorben 1204) sei der Meinung gewesen, dass gewisse theologische Fragen nur für einige Wenige bestimmt seien. Daher müssten sie vor den «Anfängern» verborgen bleiben. Abu Nasr Muhammad al-Farabi (kurz: Alfarabi) schliesslich habe im frühen 10. Jahrhundert über Plato geschrieben, dieser habe oft auf Allegorien und Rätsel zurückgegriffen. Damit habe er sein Wissen und seine Weisheiten in einer Form niedergeschrieben, die nur jenen zugänglich war, die dieses Wissens und dieser Weisheiten würdig gewesen seien.

Die Aussagen Strauss' zum esoterischen Schreiben sind hier von besonderem Interesse, weil sie gewissermassen eine Handlungsanleitung für den Einzelgänger und den Outlaw sind – vor allem in Zeiten der Verfolgung. Wenn sie sich in solchen Zeiten äussern, wenn sie ihre Voice finden, können sie dies esoterisch, enigmatisch und metaphorisch tun. Sie benennen die Dinge zwischen den Zeilen, um das Risiko der Verfolgung zu reduzieren und trotzdem Stellung zu beziehen, die eigene Meinung zu äussern und Widerstand zu leisten.

Nun ist Strauss vorgeworfen worden, er selbst habe zeitlebens «zwischen den Zeilen» geschrieben, aber nicht, weil er verfolgt worden wäre, sondern weil er sein Wissen nur mit einer kleinen Gruppe von Eingeweihten teilen und so eine Art elitärer Personenkult begründen wollte. Dies sei ein Zeichen einer antidemokratischen Grundhaltung Strauss'. Ich halte diese Vorwürfe für albern. Philosophie ist kein Volkssport, Strauss' Philosophie schon gar nicht. Strauss schrieb auf Englisch in einer Fremdsprache. Seine Bücher zu lesen, braucht viel Stehvermögen, Geduld und Vorwissen. Und natürlich ist Strauss schwierig zu verstehen, weil er oft mehrdeutig war und seine persönliche Meinung selten direkt und klar wiedergab. Gewiss spielte Strauss gerne mit seinem immensen Wissen, und allemal versteckte er Wichtiges zwischen den Zeilen. Esoterisches Schreiben ist aber – wie Melzer gezeigt hat – eine Tradition, für die es gute Gründe gibt und die Strauss in gekonnter Art und Weise fortführte.

Das Schreiben zwischen den Zeilen ist ein Akt des Widerstands des Einzelgängers, Outlaws und Renegaten. Das Subversive und Freiheitliche wird versteckt. Der (geistige) Widerstand wird getarnt, ist aber doch da. Das Verborgene zwischen den Zeilen harrt der Entschlüsselung und bleibt vielleicht lange oder gar für immer unentdeckt. Aber der Widerstand wird schon nur durch das Schreiben real. Und bisweilen wird das Verborgene entdeckt und führt zur Aktion.

Nun könnte kritisiert werden, es bringe nichts, wenn Weisheit und Widerstand nur in einem Zustand des Schutzes und der Verschleierung existieren und Renegaten lediglich eine kleine, elitäre Gruppe von Philosophen sind. Ich bin anderer Meinung. Auf die Zahl der Einzelgänger, Outlaws und Renegaten kommt es zuerst nicht an. Freiheit beginnt bei jedem Einzelnen. Unsere Beispiele zeigen eben gerade, dass jeder Einzelgänger, Outlaw und Renegat zählt, der gegen den Strom schwimmt, auch wenn er dabei keineswegs immer ein Held sein muss, sondern oft eine Figur sein kann, die zwischen Pflicht, Idealismus, Zweifel und Sinnlosigkeit schwankt.[411]

Strauss' Einsichten zum Schreiben zwischen den Zeilen sind in unserem Kontext ebenso von Interesse wie jene zur Bedeutung der Bildung und zum Menschen als blindem Giganten. Der Renegat der Freiheit ist bei Strauss eine Person, die sich dem Lärm, der Eile und der Gedankenlosigkeit des «Jahrmarktes der Eitelkeiten», dem Rampenlicht und den Lautsprechern entzieht, alleinsteht und denkt. Der Renegat hält dieses Anderssein aus. Er hat Werte – besonders jenen der Freiheit – und steht dafür ein mit den ihm eigenen Mitteln, vielleicht mit Schreiben zwischen den Zeilen.

Strauss war in seinem Fach zuerst in Deutschland, dann aber auch in den USA ein Einzelgänger, der an seinen Überzeugungen festhielt und sich gegen die dominanten Strömungen von Massenideologien und Relativismus stellte – so wie er sich heute mit Sicherheit gegen die führenden politischen und (pseudo-)philosophischen Trends wenden würde. Er wollte die Philosophie auf einen älteren, von ihm als wahrer erkannten Pfad zurückführen.

Strauss war auch ein politischer Renegat, der sich gegen wesentliche Aspekte der Moderne wandte. Im modernen Menschen erkannte er einen blinden Giganten, der – ebenso wie die Masse und die Tyrannei der öffentlichen Meinung – die Freiheit gefährdet. Strauss war ein Renegat der Freiheit, die sich für ihn im Denken und der Suche nach Wahrheit manifestierte – auch wenn sie vielleicht nur einer Minderheit zugänglich ist und sein kann. Wie es Aaron MacLean schreibt: «Freiheit ist zuerst und vor allem geistige Freiheit, die Fähigkeit, klar zu denken, sich im Strom der vorherrschenden Meinungen und angesammelten Vorurteile zurechtzufinden, um Wissen über Dinge zu erlangen, die von Bedeutung sind».[412]

Die Schriftstellerin als Outlaw in der Diktatur: Herta Müller

Als Knecht möchte ich nie wieder leben.
(Herta Müller)[413]

Herta Müller ist unser letztes Beispiel. Sie ist eine Outlaw par excellence, die sich immer weigerte, mitzuschwimmen, zu schweigen oder zu kooperieren. Müller wurde 1953 geboren und wuchs in der national-kommunistischen rumänischen Diktatur im kleinen rumäniendeutschen Nitzkydorf im Südosten von Timişoara auf. Dieses «dreihundertjährige starre Dorf» war abgeschottet von der Welt. Müllers Vater hatte in der Waffen-SS gedient. Die Mutter war «hart und verstört, wie vom Leben beleidigt».[414] Beide «waren und blieben von Angst dressiert».[415]

Das kleinräumige, passiv-aggressive und von Angst zerfressene Milieu, die engmaschige soziale Kontrolle und die allgegenwärtige Bespitzelung und Zensur belasteten Müller schon als Kind schwer. Hier erlebte sie das, was sie später als Dorfeinsamkeit bezeichnete.[416] Jeden Tag sah sie um sich herum, «was ich nicht sein will und auf keinen Fall werden will». Sie war früh fixiert «auf die Freiheit, die nicht gelebt werden kann».[417]

Müller hatte einen starken inneren Antrieb, sich von ihrem Umfeld und vom Verhalten und dem Habitus der Menschen um sie herum abzuheben, geradezu abzusondern. Sie wollte und musste anders und allein sein. Sie war früh eine Einzelgängerin: «In der Diktatur war fast alles, was ich tun wollte, verboten. Und was erlaubt war, hab ich mir selbst verboten, weil ich nicht so werden wollte wie diejenigen, die es mir erlaubten».[418]

Ihre unbeugsame Verweigerung der Zusammenarbeit mit dem rumänischen Geheimdienst Securitate trotz grossem Druck und die Tatsache, dass sie sich kleine Freiheiten nahm, «die in diesem Land nicht vorgesehen» waren, machten Müller zur Outlaw.[419] Müller wurde von der Securitate jahrelang beschattet, ausgehorcht und bedroht. Immer wieder wurde sie zu Verhören vorgeladen oder einfach von der Strasse «gefischt». Die Anwerbungsversuche der Securitate wies Müller entschieden zurück. Der Mann, der versuchte, Müller als Spitzel zu gewinnen, drohte ihr unverblümt mit dem Tod, als sie ablehnte: «Dir wird es noch leidtun, wir ersäufen dich im Fluss».[420]

Müllers Arbeitskolleginnen und -kollegen wollten nichts mehr mit ihr zu tun haben und behandelten sie wie eine Aussätzige: «Die Schikanen wurden nach unten gereicht, das Gerücht unter den Kollegen in Umlauf gesetzt. Das war das Schlimmste. Gegen Angriffe kann man sich wehren, gegen Verleumdung ist man machtlos».[421] Auch ihre Familie, mit der Müller eh längst abgeschlossen hatte und von der sie nichts mehr erwartete, hatte keinerlei Verständnis. Dass sie Widerstand leistete, hielten fast alle in ihrem Umfeld schlicht für dumm.

Müller erlebte als Outlaw im kommunistischen Rumänien eine extreme Vereinsamung und Vereinzelung: «Was mir aber nicht klar war und täglich über mich kam, war die Einsamkeit danach. Diese grosse Verlassenheit, so monströs, als wäre jede Beziehung zu mir pures Gift».[422] Es waren auch die Einsamkeit und das Schweigen, aus denen Müller ihre kreative Energie schöpfte und die Müller dazu brachten, mit dem Schreiben zu beginnen.[423] Sie schwamm ganz alleine gegen den Strom.

Für die Diktatur, die rumänisch-kommunistische und jede andere bis heute, ist – wie wir gesehen haben – nicht die Masse das Problem. Im Gegenteil, die Masse marschiert mit, heult mit und schwimmt mit. Das Kollektiv ist – wie Müller schreibt – eine «erschreckende Gleichheit, die in der gefressenen Angst ohne Absprache funktioniert». Die Diktatur braucht das Kollektiv «als Gegensatz zum Individuum». Die Einzelne ist selbstredend nicht ein Teil des Kollektivs, sondern dessen Feind.[424]

Die Bedrohung für die Diktatur kommt hier von der zaghaften und verängstigten und gleichzeitig störrischen und starken Übersetzerin in einer Maschinenbaufabrik und heimlichen Schriftstellerin. So wurde Müller als Lehrerin entlassen wegen «Individualismus» und «Nichtanpassung ans Kollektiv».[425] In der Diktatur kam der Singular auch in der Sprache – so stellt Müller fest – fast gar nicht mehr vor: «Es wurde öffentlich alles im Wir gesagt [. . .]. Es wurde Gemeinsamkeit postuliert gegen Individualität».[426] Die Diktatur schafft ein erzwungenes Kollektiv und ein engmaschiges Netz von Denunziation, Heuchelei, Verdacht, Zensur und Selbstzensur, die die «totale Entmündigung des Individuums» befördern.[427]

Eine weitere Gemeinsamkeit von autoritären Regimes ist – wie wir gesehen haben –, dass sie das Private, wo anders geredet und gedacht werden und Widerstand entstehen könnte, auszumerzen versuchen: «Die Diktatur nimmt auch jeden Rückzugsort, das

Private gibt es nicht mehr».[428] So drang die Securitate immer wieder in die Wohnung Müllers ein. Oft hinterliessen die Spitzel absichtlich Zeichen. Dem Fuchsfell, das in der Wohnung lag, schnitten die Securitate-Leute nach und nach den Schwanz, die Füsse und dann den Kopf ab. Müller wurde so einem subtilen und gleichzeitig kruden Psychoterror ausgesetzt. Die Nachricht war klar: «Alles konnte geschehen, die Wohnung hatte ihre Privatheit verloren».[429]

Müller prägte den Begriff der «leeren Freiheit». Leere Freiheit bedeutet, dass ein Individuum in der Diktatur weiss oder zumindest spürt, was Freiheit wäre oder sein könnte, «weil man sie nicht hat»: «Leere Freiheit tut weh und macht traurig».[430] Der letzte Rückzugsort bleiben die Gedanken. In den Kopf – so schreibt Müller – reicht niemand hinein, auch nicht die Diktatur. Hier bleibt das Individuum – wenn es will – «undurchschaubar und unerreichbar».[431]

Im Jahr 1987 konnte Müller nach Deutschland ausreisen. Dort hörten die Schikanierungen indes keineswegs auf. Die deutschen Behörden verdächtigten sie absurderweise und ganz offensichtlich angestachelt von rumäniendeutschen Kreisen in Deutschland und unterfüttert durch eine Kampagne der mit diesen Kreisen vernetzten Securitate, eine Securitate-Agentin zu sein. Nur dank ihrer relativen Bekanntheit blieb Müller Schlimmeres erspart. Müller erhielt 2009 den Literatur-Nobelpreis zugesprochen.

Die Erfahrung der Diktatur prägte nicht nur Müllers Schreiben, sondern auch ihr politisches Denken. Müller ist zwar keine politische Autorin, aber sie äussert sich dann, wenn sie es für angezeigt hält, mit der ihr eigenen Präzision und Deutlichkeit. Sie fordert mit einer «gewissen Kälte oder Härte, mit der sich die Autorin nicht nur Freunde gemacht hat», die Bestrafung der Täter der kommunistischen Diktaturen und verweigert «jeden Schmusekurs mit Bonzen, Nutzniessern und Trittbrettfahrern des Regimes im Osten».[432]

Müllers Blick auf die Freiheit ist angesichts der Erfahrung der Unfreiheit scharf. Sie ist überzeugt, dass die Freiheit die Menschen im Westen ahnungs- und gedankenlos macht, weil die Freiheit selbstverständlich und kaum bedroht scheint. Dies sei zwar ein Glück, aber auch ein Problem.[433] Müller diagnostiziert in westlichen Gesellschaften auch ein Mitläufertum: «Das Leben ist einfacher, wenn man nicht viel weiss und stattdessen eine Meinung hat. Es muss nicht einmal die eigene sein, man übernimmt sie unter Konformitätsdruck».[434]

Während Müller die Freiheit also als ein Glück bezeichnet, beobachtet sie wachsam und zunehmend besorgt die Naivität, mit der diese Freiheit als gegeben betrachtet oder sogar belächelt wird.[435] Sie stellt in den Demokratien eine zunehmende Geschichtsvergessenheit fest, die «offenbar durch eine lange Zeit der Freiheit entstehen» kann, ja sogar ein wachsendes «Bedürfnis nach dem Gegenteil von Freiheit».[436]

So meinte Müller in einem Interview 2015: «Ich glaube, viele im Westen sind nach all den Jahren der demokratischen Gesellschaftsentwicklung und des friedlichen Alltags unvorsichtig und unscharf in ihrer Analysefähigkeit geworden. Wenn eine Diktatur zusammenbricht, dann entsteht nicht qua Naturgesetz eine Demokratie, sondern zuerst ein Zwischenstadium, aus dem wieder eine Diktatur oder eine Demokratie entstehen kann. Diktaturen haben die Substanz der Bevölkerung geplündert, sie haben den Leuten das Leben gestohlen. Geblieben ist der Apparat, das alte Personal der Diktatur in neuen Funktionen in der Politik, in der Wirtschaft. Das zweite Leben der Nomenklatura. Das sieht man auch in Russland. Individualität? Sorge um das Wohlergehen der Bevölkerung? Moral im Sinne der Berücksichtigung des anderen – das hat man völlig verlernt. Denn in der Diktatur waren ja alle Werte auf den Kopf gestellt worden und die Pervertierung der Werte wurde belohnt. All das hat die westliche Politik nicht verstanden».[437]

Freiheit kann wie Demokratie «verlernt» werden, zur Selbstgefälligkeit führen und zur «Ahnungslosigkeit vieler Menschen heute, die nicht die Tragweite der Geschehnisse begreifen». Diese Vertrauensseligkeit vieler bezieht sich auf die Gegner der Freiheit und deren Absichten: «Diese Ahnungslosigkeit! Kein Ermessen der Dimension, der tieferen Absichten, der bösen Strategie. Das kann man offenbar innerhalb einer Generation verlernen». Ein Problem sei aber auch die Überhöhung des Dialogs – als würde Dialog immer und direkt zu Kooperation und Frieden führen. Oft werde aus einem Gespräch «das Gegenteil von Verständigung».[438]

Für autoritäre Tendenzen hat Müller ein feines Gespür. Im Nahen Osten sieht Müller Traditionen, die «den individuellen Wunsch nach persönlichem Glück im Leben» ersticken: «Ein Individuum soll erst gar nicht entstehen».[439] In Bezug auf Russland hielt Müller mit ihrer Meinung nie zurück. Sie erkannte und durchschaute mit ihrer Erfahrung als Outlaw in der rumänischen kommunistischen Diktatur die Absichten Putins in der Ukraine: «Mit der Ukraine hört Putin nicht mehr auf – die langsame fortwährende Zerrüttung ist eine beschlossene Sache, ein fertiger Plan in seiner Schublade. Daran wird kein Friedensabkommen und kein diplomatischer Dialog etwas ändern. Putin hört nicht auf».[440]

Müller ist zweifelsfrei eine literarische wie politische Einzelgängerin – eine Einzelgängerin gegen die Macht und die Masse und für die Freiheit. Aufgrund der Schärfe, Härte und Kompromisslosigkeit ihrer Sprache, aber auch ihrer Meinungen ist sie auch eine Outlaw mit einer starken Stimme. Die Nobel-Stiftung lobte sie 2009 für ihren «grossen Mut, Unterdrückung und Terror kompromisslos zu widerstehen».[441] Tatsächlich prägen die drei «W» von Widerstand, Wahrheit und Widerspruch ihr Schaffen.[442] Die Freiheit und die Individualität sind für Herta Müller aufgrund der Erfahrung der Unfreiheit und der Vermassung zentrale und immer gefährdete Werte, für die es sich zu kämpfen lohnt – auch wenn oder gerade weil dieser Kampf Vereinzelung und Anfeindung bedeuten kann.

Eine Anleitung, um gegen den Strom schwimmen zu lernen

> *Sofern die Freiheit Furcht einflössend ist, weil jede Entscheidung Verantwortung bedeutet, kann Knechtschaft beruhigend wirken. […] Selbständiges Denken bedeutet ein Mass an innerer Freiheit [und] Vereinzelung: Der Preis der Freiheit ist das Unbehagen.* (Boris Cyrulnik)[443]

Gegen den Strom zu schwimmen – im übertragenen wie natürlich auch im eigentlichen Sinne des Wortes –, ist nicht einfach. Wie wir gesehen haben, hat es immer Einzelgänger, Renegaten und Outlaws der Freiheit gegeben, die dies taten und sich gegen die Masse stellten. Diese Menschentypen sind eine historische Konstante. Sie waren indes immer in der Minderheit, oft versteckt, bisweilen gefährdet oder sogar verfolgt. Ihr Weg des Anders- und Alleinseins war häufig steinig. Wie es der französische Neurologe und Psychiater Boris Cyrulnik festhält: «Selbständiges Denken bedeutet Vereinzelung: Der Preis der Freiheit ist Unbehagen. Wer sich hingegen dem Wert des verehrten Tyrannen unterwirft, wird ein Gefühl der Geborgenheit (alle zusammen), ein Gefühl der Gleichheit (alle identisch) und eine leibverzehrende Fröhlichkeit erleben».[444]

Renegaten, Outlaws und Einzelgänger haben gemeinsam, dass sie selbständig denken, entscheiden und handeln. Einfach «freudig gehorchen, sich Aussagen unterwerfen, sie wiederholen und für wahr halten, ohne sie jemals durchdacht zu haben»,[445] ist für sie undenkbar. Sie kopieren nicht die Meinungen von anderen. Sie schliessen sich nicht blindlings einer Mehrheit oder Masse an. Sie marschieren nicht in den vorgetretenen Pfaden, weil es so halt am einfachsten und bequemsten geht – wie Seneca schrieb.[446] Sie wollen ihren eigenen Pfad finden. Nicht das Gerede der Leute ist für sie massgebend, sondern die Vernunft. Die Freiheit beginnt im eigenen Kopf.

In den heutigen sogenannt westlichen Demokratien haben wir – zumindest auf den ersten Blick – so viele Freiräume wie kaum je zuvor in der Menschheitsgeschichte. Doch zugleich sehen wir gerade jetzt – in einer Epoche der oben beschriebenen Megatrends geostrategischer tektonischer Verschiebungen, autokratischer und autoritärer Tendenzen und von technologischen Umbrüchen, die verunsichern und Angst machen – eine rasante, oft freiwillige und gar erwünschte Vermassung. Der israelische Schriftsteller A. B. Yehoshua (1936–2022) bemerkte schon in den siebziger Jahren des 20. Jahrhunderts kritisch «den Mangel an Einsamkeit, die Unfähigkeit, im spirituellen Sinne allein zu sein und zu einem Leben intellektueller Kreativität zu gelangen».[447]

Wie schafft es also ein Mensch – besonders ein junger – angesichts von Wokeismus, von perzipierten und realen Denk- und Sprechverboten im Käfig oder in der Matrix einer saturierten Gesellschaft und des Drucks sozialer Medien und von Peers, für sich selbst zu stehen? Wie gelingt es, angesichts der neuen Parallelrealitäten und Wahrheiten der Algorithmen und der AI, der dauernden Berieselung und der zunehmenden Immersion in virtuelle Räume, die «mit Fake News und Desinformation verseucht» sind,[448] innezuhalten und nachzudenken? Wie kann sich der Mensch freie Räume im Kopf schaffen – geschützt vom Scheinwerferlicht und von den nun in Millisekunden von AI produzierten Texten und Bildern? Kann es der Mensch aushalten, allein und anders zu sein?

Nun hat Timothy Snyder (2024) argumentiert, dass individuelle Freiheit nicht genüge, ja weitgehend eine Illusion sei. Negative Freiheit nach Kant und Isaiah Berlin (1909–1997) – also die Freiheit «von» etwas, das Freisein von inneren und äusseren Zwängen – könne sogar zerstörerisch sein. Freiheit müsse positiv gedacht und gelebt werden – also als eine Freiheit «zu» etwas –, und sie könne nur in Solidarität existieren. Ich stelle beides nicht grundsätzlich in Abrede. Aber mir scheint vielmehr eine kollektive Freiheit, die nicht auf der individuellen und negativen aufbaut, eine Chimäre. So wie Snyder meint, individuelle Freiheit sei ohne Solidarität bedeutungslos, scheint mir umgekehrt Solidarität ohne individuelle Freiheit inhaltsleer. Zuerst muss der Einzelne lernen, gegen den Strom zu schwimmen. Wenn ihm dies gelingt, wird er vielleicht – hoffentlich – auch andere motivieren können, mit ihm mitzuschwimmen. Oder wie es Aaron MacLean schreibt: «Freiheit beginnt zu Hause. Sie beginnt in deinem Kopf. Auch ist die Freiheit eine Aktivität und kein Besitz».[449]

Um gegen diesen Strom schwimmen zu lernen, muss ein Individuum zuerst Fragen stellen und die Herausforderungen als Herausforderungen diagnostizieren. Erst mit der Erkenntnis und dem Verstehen kann es zum Handeln kommen. Verstehen kommt von «davorstehen». Wer «davorsteht», sieht, nimmt wahr und begreift. Wie es der deutsche Historiker Hans-

Jürgen Goertz schrieb: Verstehen kommt zustande, wenn «ich mit demjenigen, den ich verstehen will, ins Gespräch komme» – «oder ich bewege mich in seiner Nähe und beobachte ihn».[450] Daher ist der oben an diversen Beispielen diskutierte Erfahrungsschatz von Renegaten, Outlaws oder Einzelgängern der Freiheit so wichtig. Er hilft uns, zu verstehen, wo die Probleme und Herausforderungen sind und wie wir handeln könnten. Wir können von diesen Beispielen lernen oder uns zumindest von ihnen inspirieren lassen.

Wenn wir beim Schwimmen an sich bleiben: Es ist gut, einen Trainer zu haben, dem ich Fragen stellen kann und der mich anleitet, wie ich zu schwimmen habe. Wenn ich etwas über Hydrodynamik weiss, hilft mir das, um zu schwimmen. Es ist auch nützlich, die Technik des Schwimmens zu studieren, bevor ich ins Wasser springe. Sich Videos der besten Schwimmerinnen und Schwimmer der Welt anzuschauen, kann ebenfalls nichts schaden. Doch selbst dann, wenn ich theoretisch alles über das Schwimmen weiss, bin ich noch lange kein Schwimmer.

Oder anders gesagt: Auch wenn ich die Bedrohungen für die Freiheit im Prinzip verstehe, heisst das nicht, dass ich für die Freiheit handeln werde. Denn mitschwimmen ist einfacher, weniger anstrengend. Für viele ist es eben eine Erleichterung, sich einer Herde oder Gruppe anschliessen zu können oder sich einer von Algorithmen und AI homogenisierten, überwachten und kontrollierten Welt hinzugeben.[451]

Aus Feigheit und Faulheit würden viele Menschen – so stellte schon Immanuel Kant (1724–1804) fest – gerne zeitlebens unmündig bleiben. Denn dies sei bequem. Das Gefühl, dazuzugehören, ist für viele wohltuend.[452] Zudem hat die Gesellschaft (oder besser: der Staat und die Massen) immer die Tendenz, «wenn möglich die Bildung jeder Individualität, die nicht mit ihrem eigenen Kurs harmoniert, zu verhindern und alle Charaktere zu zwingen, sich nach ihrem eigenen Modell zu formen».[453] Wer mit den Wölfen heult, glaubt irgendwann, selbst ein Wolf zu sein: «Das Gefühl der Zugehörigkeit zu einer Gruppe ist so beruhigend und euphorisierend, dass man sich berauschen lässt».[454]

Um von der Masse wegzubrechen, braucht es den Willen.[455] Ohne den Willen, etwas zu tun und etwas zu schaffen, werden wir auch nichts tun und nichts schaffen. Nun setzt dies wiederum voraus, dass es einen freien Willen überhaupt gibt. Ich bin in der aufklärerischen Tradition davon überzeugt, dass der Mensch einen freien Willen hat – auch wenn dieser bisweilen eingeschränkt ist durch die Umstände und seine Ausübung mit Risiken und Gefahren verbunden sein kann. Wer den freien Willen grundsätzlich negiert, entzieht dem Menschen seine Agency und Würde und liefert ihn fatalistisch dem Mahlstrom aus.

Wir haben an den Beispielen oben gesehen, dass der Wille, anders und allein zu sein, verschiedene Quellen haben kann. Er setzt meist Mut, Neugier und Offenheit voraus. Manchmal entsteht der Wille auch aus der Erfahrung, aus der Unterdrückung und Ungerechtigkeit, aus der Verzweiflung oder der Angst. Renegaten sind bisweilen sogar gerne anders. Sie haben Freude daran und sehen darin ihre Aufgabe oder Mission. Sie wollen – wie Imre Kertész schrieb – der «Verödung, Verflachung und [dem] stillen Niedergang des Lebens in ein und demselben seichten

Morast wohlhabenden oder kümmerlichen Komforts» entrinnen. Was Einzelgänger, Outlaws und Renegaten der Freiheit hingegen wenig interessiert, ist die leere Geste und das erhitzte Gestikulieren, das Ritzen von Konventionen und die Provokation der Provokation willen – ohne Reflexion und Substanz.

Irgendwann müssen wir also, um beim Bild des Schwimmens zu bleiben, ins Wasser springen. Alle Theorie und der ganze Anschauungsunterricht nützen uns nichts, wenn wir nicht den Willen aufbringen und es wagen. Man kann alles über das Schwimmen wissen. Doch wer nie ins Wasser geht, bleibt ein Zuschauer am Beckenrand.

Der nächste Schritt ist es dann, den Willen in geordnete Bahnen zu lenken und auf ein Ziel auszurichten. Um wieder über das tatsächliche Schwimmen gegen den Strom zu sprechen: Wo will ich überhaupt hinschwimmen? Wie teile ich mir die Kraft ein? Welches sind die Zwischenstopps, die ich einlegen muss, um mich zu erholen? Oder beim sprichwörtlichen Schwimmen gegen den Strom: Wie agiere ich als Einzelgänger, Outlaw oder Renegat für der Freiheit? Was tue ich genau mit welchem Ziel? Welche Mittel, Methoden und Strategien wende ich an? Auch da haben sich die obigen Beispiele als ein reichhaltiger Steinbruch der Ideen erwiesen.

Drei Elemente scheinen mir entscheidend, um den Willen aufzubringen, ab und an gegen den Strom zu schwimmen, und es dann auch tatsächlich zu tun. Erstens kommt es auf Erziehung und Bildung an. Zweitens ist der Umgang mit neuen Informationstechnologien und AI im Allgemeinen und den sozialen Medien im Speziellen entscheidend. Drittens helfen uns soziale Interaktion und Bewegung, unseren freien Willen zu formen und zu stärken. Diese drei Bereiche überlappen sich in der Realität zum Teil und verstärken und bedingen sich gegenseitig. Ich bespreche sie hier der Übersichtlichkeit und Klarheit halber aber separat.

Es mag abgedroschen klingen, aber erstens sind Erziehung und Bildung zentral für das Schwimmen gegen den sprichwörtlichen Strom. Das erfassen selbst Kinder intuitiv: Ich machte ein kleines Experiment und fragte meine Söhne, als sie siebzehn und neun Jahre alt waren, was es brauche, um gegen den Strom zu schwimmen. Der Ältere meinte, man müsse sein Hirn einschalten und den Willen haben, nachzudenken und Informationen zusammentragen, um sich ein eigenes Bild machen zu können. Der Jüngere fand, Freiheit sei die Voraussetzung, um gegen den Strom schwimmen zu können. Diese Antwort mag ein Zirkelschluss sein. Es ist aber bezeichnend, dass das Wort Freiheit fiel. Der Jüngere schob dann nach, um nicht mit den anderen mitzuheulen, müsse man lesen und sich informieren.

Es erstaunt nicht, dass insbesondere junge Menschen einen starken Drang haben, sich politisch, sozial und kulturell einzuordnen und strömungsgünstig unterwegs zu sein in ihren Peer-Gruppen.[456] Daher ist es wichtig, dass wir (wieder) lernen, jenseits von Schablonen und Groupthink mutig zu denken, zu handeln und Verantwortung zu übernehmen – obschon oder gerade weil wir wissen, dass heute tendenziell jede Abweichung «observiert, registriert, sanktioniert» wird.[457] Gefragt ist mehr «Selbstdenk» und weniger «Gutdenk».[458]

Der türkisch-amerikanische Ökonom und Nobelpreisträger Daron Acemoğlu stellt fest, für einen «erneuerten Liberalismus» brauche es zuerst eine viel grössere Betonung der Meinungsäusserungsfreiheit und eine klare Zurückweisung der Gedankenpolizei.[459] Liberale müssten immer gegen Versuche einstehen, abweichende Gedanken und Perspektiven zu «canceln», sollten die Vielfalt der Meinungen und Kritik begrüssen und aufhören, sozialen Druck auf jene auszuüben, die von der Orthodoxie abweichen. Abweichende Meinungen seien zuerst etwas Positives und eine Bereicherung. Schulen und Universitäten sollten Orte der Diversität sein, aber eben nicht in einem woken (Miss-)Verständnis des Begriffs der Diversität, sondern im Sinne des Pluralismus und des Wettstreites der Ideen. Acemoğlu hat natürlich Recht. Gleichzeitig mutet seine «Wiederentdeckung» des Kerns dessen, was Liberalismus ist und was zum Beispiel John Stuart Mill in ähnlichen Worten 1859 geschrieben hatte, doch etwas scheinheilig an. Warum ist er erst jetzt auf diese Idee gekommen?

Wie auch immer: Wir müssen – um nochmals Leo Strauss zu zitieren – den «Bruch mit dem Lärm, der Eile, der Gedankenlosigkeit, der Billigkeit des Jahrmarkts der Eitelkeiten der Intellektuellen und ihrer Gegner» wagen. Das verlangt den Mut, «anerkannte Ansichten als reine Meinungen anzusehen».[460] Wir müssen wieder einüben, auf einsame und schwache Stimmen zu hören und taub zu werden für die Lautsprecher und das Licht zu suchen und das Rampenlicht zu vermeiden.[461] Wir müssen erkennen, dass wir – wenn wir nicht selbständig denken können und keinen Zugang zu weisen Lehrern haben, oft in Form ihrer Schriften – weder Strategien entwickeln noch philosophieren können. Dann sind wir auch nicht mehr in der Lage, unsere Freiheit zu bewahren.[462]

Ein Kind soll in einer Umgebung mit affektiven und narrativen Vorgaben aufwachsen können, die eine innere Struktur formen und festigen. Das soll verhindern, dass das Kind «ziellos durch die Welt» irrt und «schliesslich in der Mitte derer, die lautstark mit den Wölfen heulen», landet. Es geht darum, im Kind die Freude am Entdecken und Bestaunen und die Neugier zu fördern und erhalten. Fragen und Zweifel ermöglichen Lernen und Innovation.[463] Die Welt sollten wir wieder mehr real erleben, nicht online. Denn die Welt online ist oft kontrolliert und unfrei.[464]

Die Schule ist idealerweise – wie der Schweizer Kinderarzt und Autor Remo H. Largo 2013 schrieb – ein Ort, wo die «Individualität und Vielgestaltigkeit der menschlichen Natur» akzeptiert und gefeiert wird: «Die Bevormundung muss aufhören und dafür müssen Autonomie und Selbstverantwortung» Einzug halten.[465] Nur mit der Individualisierung des Unterrichts wird die Schule der Vielfalt der Schülerinnen und Schüler gerecht und fördert und fordert diese mit ihren unterschiedlich gelagerten Talenten, Interessen und Fähigkeiten – und erhöht damit übrigens auch die Chancengerechtigkeit.[466] Die Schule soll grundlegende Fertigkeiten und Wissen vermitteln, aber vor allem zum Lernen, zur (intellektuellen) Leistung anregen und mithelfen, dass Kinder ihre eigene Meinung entwickeln und mutig dazu stehen können.[467]

Wesentlich ist, dass Kinder selbständig aktiv sein, spielen, die Welt erkunden und Risiken eingehen können – ohne ständige Überwachung von ängstlichen Eltern, die den Handlungsspielraum ihrer Kinder laufend beschneiden.[468] Dass Kinder heute im Durchschnitt viel (zu viel) Zeit vor kleinen (iPhones) und grossen Bildschirmen (iPads, Laptops, TV) verbringen, ist Fakt.[469] Dass es einen direkten und signifikanten Zusammenhang zwischen der vor solchen Bildschirmen verbrachten Zeit und negativen Entwicklungs- und Verhaltensmustern bei und der Gesundheit von Kindern gibt, ist ebenfalls empirisch belegt.[470] Dass diese Dauerberieselung der Fantasie und vor allem der Herausbildung einer eigenen starken Meinung und letztlich auch der Freiheit nicht förderlich ist, haben wir oben bereits bei Orwell, Bradbury und Huxley gesehen.

Die sozialen Medien haben in den letzten bald zwei Jahrzehnten die Kindheit fundamental verändert und mehrheitlich negative Auswirkungen gezeitigt.[471] Kinder verbringen immer mehr Zeit vor Bildschirmen und immer weniger beim Spielen. Natürlich tut sich nicht jedes Kind etwas an, das viel Zeit vor Bildschirmen verbringt. Aber die Selbstverletzungs- und Selbstmordrate bei Kindern hat seit der Einführung von iPhones und iPads zugenommen.[472] In vielen Familien herrscht dauernd Streit darüber, wie viel Zeit die Kinder vor einem Bildschirm verbringen dürfen. Die Kinder gewinnen meist. Das Resultat sind Angst, Ängstlichkeit, Depression und Stromlinienförmigkeit. Oder wie es Timothy Snyder formuliert hat: «Sind unsere Gehirne mal gehackt, dann kann man uns auch ohne Führer führen. Wir legen unsere Schwächen offen und werden damit noch verletzlicher. Wenn wir uns einsam und hilflos fühlen, werden wir auch anfälliger für Ideologien, die alles begreiflich machen, für Verschwörungstheorien, die die Welt erklären».[473]

Dies bringt uns zum zweiten Element dieser Anleitung, nämlich zum Umgang mit neuen Informationstechnologien und AI im Allgemeinen und den sozialen Medien im Speziellen. Mit der sich unglaublich schnell entwickelnden AI verlieren wir rasant die Fähigkeit, zu lesen und Texte zu verstehen und analysieren. Maschinen – im weitesten Sinne des Wortes – demobilisieren uns und unser Denken. Aaron MacLean bringt es auf den Punkt: «AI stellt somit eine doppelte Bedrohung dar: Zum einen lockt sie mit dem Versprechen, uns vom logischen Denken und der mühsamen Organisation unserer Gedanken zu befreien. Doch fast genauso schlimm ist, dass sie das gesamte Wissen und die Erfahrung der Menschheit ausbeutet und diese dann zu einem austauschbaren Brei reduziert, um uns ihre billige Imitation des Denkens vorzusetzen».[474]

Die sozialen Medien konsumieren unsere Energie und unsere Fantasie. Sie geben uns den perfekten Vorwand, uns nicht zu bewegen, keine Beziehungen mehr aufzubauen, keinen Sex mehr zu haben, keine Risiken mehr einzugehen, keinen Widerstand mehr zu leisten, keine Zivilcourage mehr zu zeigen.[475] Wir sind – wie es die amerikanische politische Philosophin Christine Rosen sagt – auf dem Weg zu einer passiven, bewegungslosen, oralen und visuellen Gesellschaft.[476]

Es ist eben – wie wir oben gesehen haben – kein Zufall, dass wir in den sozialen Medien als «User» und «Follower», also Benutzer, Anhänger und Mitläufer, auftreten. Der «User» muss nicht nachdenken und selbst etwas schaffen, er bleibt passiv und benutzt das, was ihm und Millionen anderen vorgegeben wird. Er wartet unbeteiligt auf dem warmen Sofa in einer digitalen Parallelwelt auf den Schubs des «Influencers». Der «Follower» hat keine Funktion und keinen eigenen Willen. Gemeinsam hingegen werden die «Follower» zur Masse: je mehr «Follower», desto besser. Jene, die uns den Weg und die Wahrheit vorgeben, sind eben «Influencer».

Studien bestätigen das, was jeder merkt, der selbst Kinder hat: Technologie im Allgemeinen und AI im Besonderen verändern Menschen und beeinflussen ihr Denken, aber auch ihr Handeln oder Nichthandeln. Die Abhängigkeit von Bildschirmen nimmt zu, die Aufmerksamkeitsspanne wird immer kürzer, Kinder und Jugendliche lesen kaum mehr.[477] ChatGPT zum Beispiel hat nachweislich einen negativen Effekt auf die sprachlichen und kognitiven Fähigkeiten wie auf das Verhalten von jungen Menschen. Es macht sie schlicht fauler.[478]

Daher ist es so wichtig, das Lesen, aber auch das Schreiben von Hand wieder zu fördern. Mit der Lektüre eröffnen sich uns Horizonte, Perspektiven, Lebenserfahrungen und Geschichten. So erleben und verinnerlichen wir die Vielfalt des Menschseins, die Menschlichkeit und den Wert des Individuums. Noch besser als das Lesen an einem Screen ist es natürlich, ein Buch in die Hand zu nehmen. Denn damit machen wir die Erfahrung des Physischen, berühren etwas, riechen das Papier und den Einband, blättern. Das Schreiben von Hand zwingt nicht nur zu Disziplin und einer gewissen Langsamkeit, sondern korreliert auch – wie verschiedene Studien gezeigt haben –

positiv mit der kognitiven Entwicklung von Kindern und Jugendlichen.[479]

Zudem stellt sich die Frage, wie junge Menschen Medienkompetenzen erlangen und lernen, kritisch mit Informationen umzugehen und diese auch tatsächlich zu verstehen.[480] Es geht hier also um Hermeneutik, um die Art und Weise, wie wir zu verstehen lernen. Wir alle, aber besonders Kindern und Jugendliche, haben heute oft den Pawlowschen Reflex, bei Fragen zuerst auf Wikipedia nachzulesen, ChatGPT zu befragen oder eine Google-Suche zu machen. Das macht alles Sinn. Allerdings werden die entsprechenden Antworten meist als die Wahrheit betrachtet. Es fehlt das, was in der Geschichtswissenschaft als Quellenkritik bezeichnet wird. Woher kommt eine Information? Wer hat sie in Umlauf gesetzt? Weshalb? Lässt sich eine Information mit anderen Informationen abgleichen? Welche Informationen sind qualitativ «gut», welche «schlecht»? Was ist Desinformation? Und was ist schlicht eine abweichende, andere Meinung? Hier sind wiederum Erziehung und Bildung im Allgemeinen und ein guter Geschichtsunterricht im Besonderen gefragt.[481]

Das dritte Element in dieser kurzen Anleitung, um gegen den Strom schwimmen zu lernen, sind soziale Interaktion und Bewegung. Alles Analoge gilt es zu zelebrieren.[482] Wir sollen weiter oder wieder zusammen reden, debattieren, spielen, ins Museum gehen, essen und einander zuhören.[483] Auch Schreiben tut gut, Schreiben auf Papier.[484] Viele Universitäten dürften wieder schriftliche Examen an einem Ort einführen, wo es keine Internetverbindung gibt.[485] Nur so werden sie herausfinden, ob die Studentinnen und Studenten wirklich etwas gelesen und verstanden haben oder nur ChatGPT-Antworten wiedergeben. Warum nicht ab und zu einem Freund oder einer Bekannten einen Brief schreiben oder eine kurze Notiz für die Familie zurücklassen, wenn man am Morgen ins Büro geht?

Wir sollen Dinge in der Realität ansehen, berühren und riechen – also davorstehen, um zu verstehen. Wir sollen die Welt für uns entdecken. Und ja, ein Leben in der Realität ist bisweilen mühsam und anstrengend. Es verlangt Arbeit und Leistung und nicht bloss Konsum und Unterhaltung. Es kann sogar gefährlich sein. Oder wie es John Savage bei Huxley sagte: Das Leben ist «nicht nur Vergnügen […], sondern auch Drama, Schmerz, Mysterium und Enttäuschung».[486]

Bewegung, Sport und die Erfahrung der eigenen Körperlichkeit helfen uns, uns in unserer Individualität zu formen und zu stärken. Es wäre ein Versuch wert, pro Tag maximal eine Stunde zur Unterhaltung und zum Surfen an einem Screen zu verbringen. Täglich Sport zu treiben, ab und an draussen – vielleicht auch einmal im Regen oder Schnee –, würde sich ebenfalls lohnen.

Die physische Erfahrung der physischen – im Gegensatz zur virtuellen – Welt ist von eminenter Bedeutung. Man muss beileibe kein Stoiker sein, um zu begreifen, dass uns jede Form der Abhängigkeit – besonders von dem, was wir lose als Vergnügen bezeichnen würden – auf das reduzieren kann, was in den einleitend besprochenen dystopischen Romanen und Filmen so überzeugend und eindringlich beschrieben wurde: Wenn wir diesem «Vergnügen» erliegen, wie sollen wir dann «der Anstrengung, der Gefahr, der Armut und so manchen andern Schrecknissen widerstehen, die das Menschenleben umschwirren»?[487] Oder dann merzen wir diese Schrecknisse aus – so wie bei Orwell, Huxley, Bradbury, Eggers und in der Matrix – und landen dann erst recht in der Dystopie.

Kommen wir zum Schluss: Wir haben gesehen, dass es möglich ist, sich dem «Rausch des Kollektiven» zu entziehen und den Wert der eigenen Meinung und des Individuums, eben «der eigenen, einzigartigen und unwiederholbaren Existenz», hochzuhalten.[488] Der Renegat, Outlaw oder Einzelgänger ist nicht bloss eine Karikatur oder eine Figur ohne Nimbus. Auch von Botho Strauss' Strom der Konformitäten, Korrektheiten und Konsensivitäten wird nicht jede und jeder einfach so weggerissen. Es ist möglich, eine Persönlichkeit und ein Eigen-Denkender zu werden, der nicht blindlings die Mehrheitsmeinung vertritt, denn diese hat ein Mensch nicht, «sondern sie hat ihn».[489] Oder um mit Wolfgang Sofsky zu sprechen: Der «Meinungssklave ist unfrei, weil er stets nachbetet, was man ihm vorbetet, auch wenn ihn kein Gedankenpolizist vor Gericht zerrt».[490]

Wir haben als Individuen den freien Willen und die Wahl. Wir können uns entscheiden, gegen den Strom zu schwimmen. Freiheit bedarf der Entscheidung. Die Entscheidung befreit «auch von lähmender Untätigkeit und bleierner Unentschlossenheit»: «Der Moment der Dezision ist der Augenblick der Freiheit».[491] Freiheit beginnt und endet im eigenen Kopf. Sie ist eine innere Haltung, die – wie das Schwimmen gegen den Strom – eingeübt und trainiert werden muss.[492]

Der rumänisch-jüdische Schriftsteller Mihail Sebastian (1907–1945) formulierte es paradigmatisch so: «Ich bin kein Anhänger irgendeiner Idee oder irgendeines Anführers, ich bin immer Dissident. Vertrauen habe ich nur in das jeweilige Individuum [. . .]. Der Tod des Individuums bedeutet den Tod des kritischen Geistes, in letzter Instanz den Tod des Menschlichen überhaupt».[493] Das Kollektiv komme «einer furchtbaren, barbarischen Abstraktion» gleich, denn der Mensch besitze «den Wunsch nach Freiheit».[494] Oder wie sich Herta Müller ausdrückt: Das Kollektiv ist eine «erschreckende Gleichheit, die in der gefressenen Angst ohne Absprache funktioniert».

Wie es der 1929 geborene österreichische Publizist Paul Lendvai auf den Punkt bringt: «Man muss immer um die Freiheit fürchten. Darum muss man ständig für sie kämpfen».[495] Für diesen Kampf für die Freiheit sind die Renegaten, Outlaws und Einzelgänger wichtige Indikatoren und entscheidende Akteure.[496] Der Renegat schwimmt von sich aus und entschlossen gegen den Strom. Der Outlaw ist gezwungen, die bestehende Ordnung und die Masse verlassen. Er bewegt sich an den Rändern der Masse und wirkt von dort für die Freiheit. Der Einzelgänger zieht sich zurück, um für sich selbst Raum zu schaffen, weil die Lautstärke der Masse das eigene Denken übertönt. Alle drei sind auf ihre eigene Weise unzeitgemäss, störend, unbequem. Und gerade deshalb sind sie es, die Bewegung in die Konformitäten, Korrektheiten und Konsensivitäten bringen. Ohne sie gäbe es keine Erneuerung. Jede Gesellschaft, die solche Menschen ausschliesst oder gar verfolgt, verbaut sich die eigene Zukunft.

Wir werden unsere Freiheit nur bewahren können, wenn wir dem Individuum Raum lassen und wenn wir Menschen ertragen und vielleicht gar schätzen, die gegen den Strom schwimmen. Denn – um Albert Einstein zu zitieren – «alles wirklich Grosse und Inspirierende wird von dem Einzelnen geschaffen, der in Freiheit wirken kann».[497] Wir brauchen unter uns Renegaten, Outlaws und Einzelgänger, die anders sind und allein denken und handeln und uns herausfordern – gerade in unserer Zeit der Megatrends der Grossen Geopolitischen Tektonischen Verschiebung, der sich beschleunigenden autokratischen und autoritären Tendenzen und der neue Technologien im Allgemeinen und der AI im Speziellen. Diese Megatrends beunruhigen, schwächen das Individuum und bedrohen unsere Freiheit. Dagegen braucht es Renegaten, Outlaws und Einzelgänger der Freiheit. Oder wie es Pericles gemäss Thukydides sagte: «Erkennet das wahre Glück in der Freiheit, die Freiheit aber in kühnem Mut».[498]

Schlussbemerkungen und Dank

Dieses Buch ist in meiner Freizeit und meinen Ferien entstanden – über mehrere Jahre hinweg. Der Forschungs- und Schreibprozess dauerte so lange – zu lange für meinen Begriff –, weil mich meine Arbeit als Schweizer Diplomat, die ich liebe und mit Stolz und – so glaube ich zu wissen – zur Zufriedenheit meiner Vorgesetzten erfülle, in den vergangenen Jahren in wichtigen Führungspositionen mit 60- bis 70-Stunden-Wochen stark absorbierte.

Dass es überhaupt gelang, dieses Projekt nach fast fünf Jahren Arbeit abzuschliessen, ist nur zu erklären mit der Leidenschaft, die ich für das Forschen, Lesen und Schreiben habe, und wohl auch mit Disziplin, Geduld und Durchhaltewillen, die ich mir als ehemaliger Spitzensportler antrainiert habe. Beim Perfektionismus, der meine Stärke und Schwäche zugleich ist, musste ich dann doch gewisse Abstriche machen. Aber ich bin froh, dieses Buch nun endlich in den Händen halten zu können.

Meine Ausführungen haben selbstverständlich nichts mit meiner Arbeit als Diplomat zu tun und widerspiegeln auch nicht offizielle Positionen des Eidgenössischen Departements für auswärtige Angelegenheiten. Die obigen Ausführungen sind auch in keiner Art und Weise parteipolitisch. Ich habe nie einer Partei angehört.

Ich kann hier jene Personen, die mich im Forschungsprozess begleitet und zu diesem Buch beigetragen haben, nicht einzeln nennen. Ein besonderer Dank geht aber an meine Familie, an meinen Verleger, der das Manuskript, das ich Mitte November 2025 abschloss, im Eiltempo zu diesem schönen Buch machte, und an all jene, mit denen ich über die Jahre Themen, die in diesem Buch vorkommen, diskutieren durfte. Jetzt freue ich mich auf Widerspruch und auf Debatten.

Leo Tolstoi schrieb einst, beim Lesen lasse es sich vortrefflich denken. Ich hoffe, dass dieses Buch Sie, liebe Leserin, lieber Leser, zum Denken angeregt und Ihnen vielleicht sogar einen Impuls für konkretes Handeln gegeben hat. Schwimmen Sie gut – ab und an auch gegen den Strom!

Anmerkungen

[1] Buber, Martin (2002). *Das dialogische Prinzip*. Gütersloh, S. 237.
[2] Buber, Martin (1953). *Einsichten*. Wiesbaden, S. 61.
[3] Bieri, Peter (2013). *Wie wollen wir leben?* München, S. 33.
[4] Hellmich, Wolfgang (2025). Was den Menschen glücklich macht (Rezension von Otfried Höffes «Die hohe Kunst der Weisheit»), *Neue Zürcher Zeitung* (16. Juli), S. 31.
[5] Illouz, Eva (2024). *Explosive Moderne*. Berlin, S. 28–34.
[6] Hirshman, Albert O. (1970). *Exit, Voice, and Loyalty*. Cambridge/London.
[7] Seal, Graham (2011). *Outlaw Heroes in Myth and History*. London, S. 11: «Because outlaw heroes operate on the boundaries between the legal and the extralegal and/or within zones of political, economic or cultural conflict, they are often ambivalent figures – heroic and admirable to some social groups yet villainous and repulsive to others».
[8] Safranski, Rüdiger (2021). *Einzeln sein. Eine philosophische Herausforderung*. München, S. 11.
[9] Frankl, Viktor E. (2023). *Sinn, Freiheit und Verantwortung*. Weinheim, S. 40f.
[10] Buber 1953, S. 58.
[11] Dies ist die sonderbar fatalistisch und paternalistisch anmutende Aussage von Philip Pettit in *Gerechte Freiheit* (2017, Frankfurt am Main, S. 247).
[12] Vargas Llosa, Mario (2014). *Alles Boulevard*. Berlin, S. 37.
[13] Cyrulnik, Boris (2023). *Die mit den Wölfen heulen. Warum Menschen der totalitären Versuchung so schwer widerstehen können*. München, S. 72.
[14] Snyder, Timothy (2024). *On Freedom*. New York, S. 108, meine Übersetzung.
[15] Ortega y Gasset, José (2012 [1930]). *Der Aufstand der Massen*. München, S. 77, S. 74.
[16] https://genius.com/Jay-z-renegade-lyrics (Download vom 7.1.2023).
[17] Safranski 2021, S. 9f.

[18] Gardels, Nathan/Berggruen, Nicolas (2019). *Renovating Democracy. Governing in the Age of Globalization and Digital Capitalism*. Oakland, S. 12: «Change is so enormous that individuals and communities alike feel they are drowning in the swell of seemingly anonymous forces» (S. 5).

[19] Berg, Sibylle (2025). Ehe es zu spät ist, *Tachles* (22. August).

[20] Huxley, Aldous (1959). *Brave New World Revisited*: www.huxley.net/bnw-revisited/ (Download vom 6.7.2024). Douglas Murray [(2020). *The Madness of Crowds. Gender, Race and Identity*. London, S. 1] beschreibt das, was er als «Great Crowd Derangement» bezeichnet mit den folgenden Worten, bei denen (zufällig oder nicht) Huxley anklingt: «In der Öffentlichkeit und im Privaten, online und offline, führen sich Menschen in einer Art und Weise auf, die zunehmend irrational, fiebrig, herdenartig und schlicht unangenehm ist». Murray bezog sich mit seiner Aussage primär auf die woke Linke. Auf der anderen Seite des Spektrums sah und sieht es indes nicht viel anders aus. Ich komme darauf zurück.

[21] Kaplan, Robert D. (1994). The Coming Anarchy, *The Atlantic* (February): www.theatlantic.com/magazine/archive/1994/02/the-coming-anarchy/304670/ (Download vom 28.2.2025). Der Krieg Russlands gegen die Ukraine fiel eben nicht wie ein Meteorit vom Himmel. Er ist Ausdruck der Grossen Geopolitischen Tektonischen Verschiebung und entlarvte einmal mehr die Vorstellung, mit Kooperation, wirtschaftlicher Verflechtung und Dialog kehre automatisch der Weltfrieden ein. Aber es gibt in den internationalen Beziehungen keine Automatismen.

[22] Die folgenden Passagen bauen auf älteren Überlegungen von mir zu diesen Themen auf. Vgl. z.B.: Interview mit Simon Geissbühler in *EDA-Bulletin* 3/2024: 18–21; Geissbühler, Simon (2023). Towards an Action-Oriented Democracy Diplomacy Agenda, in Geissbühler, Simon (ed.). *Democracy and Democracy Promotion in a Fractured World. Challenges – Resilience – Innovation*. Wien/Zürich, S. 187–208.

[23] Geissbühler, Simon (2007). *Babuschka Anna. Das Leben einer ukrainischen Bäuerin im 20. Jahrhundert*. Wien/Berlin, S. 9.

[24] Matti Friedman, zit. in: Freedman, Lawrence (2018). *The Future of War. A History*. London, S. 277: «a new era

in which conflict surges, shifts, or fades but doesn't end, in which the most you can hope for is not peace, or the arrival of a better age, but only to remain safe as long as possible». Nun bleibt uns nichts anderes, als die Rückkehr des Krieges zu konstatieren – auch wenn einige lieber den sicherheitspolitischen Dornröschenschlaf weiterträumen möchten: Gady, Franz-Stefan (2024). *Die Rückkehr des Krieges. Warum wir wieder lernen müssen, mit Krieg umzugehen*. Köln, S. 15. Oder wie es Wolfgang Sofsky sagt (in: *Schweizer Monat* 977 [2010]: https://schweizermonat.ch/wolfgang-sofsky-im-gespraech/ [Download vom 20.7.2025]): «[Aber] wenn Sie sich als Individuum allein auf das Recht verlassen, kann es eines Tages ein böses Erwachen geben. Gegen Macht hilft zuletzt nur Gegenmacht».

25 Kagan, Robert (2018). *The Jungle Grows Back. America and Our Imperiled World*. New York.

26 Ibrahim, Azeem (2022). *Authoritarian Century. Omens of a Post-Liberal Future*. London.

27 Mandraud, Isabelle/Théron, Julien (2023). *Le pact des autocrates*. Paris.

28 Uns ging und geht es gut – objektiv und im historischen Langzeitvergleich gesehen sehr gut sogar. Wohl auch daher sind wir getrieben von einem obskuren Willen, uns nicht zu informieren und die Realitäten nicht zur Kenntnis zu nehmen. Die Devise war und bleibt oft: Augen zu, Ohren zu und mitschwimmen im Strom der Bequemlichkeiten. So wollten noch Anfang Februar 2022 viele das nicht wahrhaben, was sich vor ihren Augen abspielte. Sie behaupteten im Brustton der Überzeugung als bestes Beispiel von Confirmation Bias und Groupthink – wenn alle dafür sind, bin ich es auch, und was nicht sein darf, wird nicht passieren –, Russland werde die Ukraine niemals angreifen, obschon dies Russland faktisch schon 2014 getan hatte und die Motive für einen Angriff im Detail und öffentlich immer und immer wiederholt wurden. Vgl. hierzu: Kahnemann, Daniel (2024 [2011]). *Thinking, Fast and Slow*. London, S. 94; Dickinson, David L. (2022). Political Ideology, Mood Response, and the Confirmation Bias, *IZA – Institute of Labor Economics* (IZA DP No. 15428): «The confirmation bias is a well-known form of motivated

reasoning that serves to protect an individual from cognitive discomfort. Hearing rival viewpoints or belief-opposing information creates cognitive dissonance, and so avoiding exposure to, or discounting the validity of, dissonant information are rational strategies that may help avoid or mitigate negative emotion»; Smith, Troy E. (2016). The Road to High-Quality Decision-Making: Understanding Cognition and the Phenomenon of Groupthink, *American Intelligence Journal* 33(1): 70–73: «These impediments include a lack of sufficient diversity of expressed opinions, excessive conformity in advisory groups, and the tendency of subordinates to tell the boss what they think he/she wants to hear»; Mintz, Alex/Schneiderman, Itai (2018). From Groupthink to Polythink in the Yom Kippur War Decisions of 1973, *European Review of International Studies* 5(1): 48–66.

[29] Kissler, Alexander (2023). *Die infantile Gesellschaft. Wege aus der selbstverschuldeten Unreife*. Hamburg.

[30] Müller, Jürg (2025). Wo die Freiheit beginnt, *Neue Zürcher Zeitung* (10. November), S. 19.

[31] Harari, Yuval Noah (2024*). Nexus. Eine kurze Geschichte der Informationsnetzwerke von der Steinzeit bis zur künstlichen Intelligenz.* München, S. 427.

[32] Zit. in: Buber 2002, S. 231.

[33] Hayek, Friedrich A. (2011 [1944]). *Der Weg zur Knechtschaft*. München, S. 201.

[34] Snyder 2024, S. 80.

[35] Hayek 2011, S. 202.

[36] Harari 2024, S. 181.

[37] Snyder 2024, S. 69.

[38] Zit. in: Schmid, Ulrich M. (2025). Das Ende des Westens – Trumps Amerika folgt Putins Russland auf dem Weg einer planvollen Auflösung der Demokratie, *Neue Zürcher Zeitung* (27. Februar): www.nzz.ch/meinung/das-ende-des-westens-trumps-amerika-folgt-putins-russland-in-der-simulation-aufklaererischer-staatsordnungen-ld.1872855 (Download vom 2.6.2025).

[39] Sofsky, Wolfgang (2014c). Unfreiheit, *Schweizer Monat* 1019 (September): https://schweizermonat.ch/unfreiheit/ (Download vom 20.7.2025).

[40] Müller-Mall, Sabine (2020). *Freiheit und Kalkül. Die Politik der Algorithmen*. Stuttgart, S. 32, kursiv im Original.
[41] Cernoch, Patrick (2024). «Unschuldige Opfer», «toxische» Meinungen und «Experten», die «einordnen» – die Medien lassen die Sprache verkümmern, *Neue Zürcher Zeitung* (25. November): www.nzz.ch/feuilleton/mediensprache-kritik-floskelhafte-woerter-ueberall-experten-ld.1858817 (Download vom 25.12.2024).
[42] Habermas, Jürgen (1985). *Die Neue Unübersichtlichkeit. Kleine Politische Schriften V*. Frankfurt am Main.
[43] Gardels/Berggruen 2019, S. 6.
[44] Harari 2024, S. 355.
[45] Vargas Llosa 2014, S. 44.
[46] Strauss, Botho (2013). *Lichter des Toren. Der Idiot und seine Zeit*. München, S. 9.
[47] Vincent, David (2020). *A History of Solitude*. Cambridge/Medford, S. 251.
[48] Rosen, Christine (2024). *The Extinction of Experience. Reclaiming Our Humanity in a Digital World*. London, S. 95f.
[49] Strauss, Botho (2014). *Allein mit allen. Gedankenbuch*. München, S. 45, S. 62.
[50] Strauss 2013, S. 163; ähnlich auch Vargas Llosa 2014, S. 164: «Das Verschwinden des Privaten, die mangelnde Achtung der Privatsphäre, die, von allen begafft, zu einer blossen Parodie geworden ist; und eine Medienindustrie, die diesen allgegenwärtigen Voyeurismus unablässig und hemmungslos speist, sie sind ein deutliches Zeichen der Verrohung».
[51] Strenger, Carlo (2015). *Zivilisierte Verachtung. Eine Anleitung zur Verteidigung unserer Freiheit*. Berlin, S. 92.
[52] Geissbühler, Simon (2015). *Die Schrumpf-Schweiz. Auf dem Weg in die Mittelmässigkeit*. Bern (2. Auflage), S. 79.
[53] Harari 2024, S. 337; s. auch: Stack, Megan K. (2025). China Got Used to Surveillance. Will the West?, *The New York Times International Edition* (June 30): 12.
[54] Zit. in: https://x.com/felix_bohr/status/1737876447698502124 (Download vom 1.11.2025).
[55] Gerhardt, Volker (2023). *Individuum und Menschheit. Eine Philosophie der Demokratie*. München, S. 48, kursiv im Original
[56] Gerhardt 2023, S. 61, S. 77, kursiv im Original.

[57] Scholem, Gershom (1973). *Zur Kabbala und ihrer Symbolik*. Frankfurt am Main, S. 19.
[58] Downes, William Philip (1920). Mysticism, *The Biblical World* 54(8): 619–624, Zitat S. 619f., meine Übersetzung.
[59] Downes 1920, S. 621.
[60] Walzer, Michael (1993). *Kritik und Gemeinsinn*. Frankfurt am Main, S. 13.
[61] Morgan, Richard (1992). Prophetic Individuality, *Anvil* 9(2): 137–148.
[62] Slater, John Rothwell (1899). Individualism and Solidarity as Developed by Jeremiah and Ezeckiel, *The Biblical World* 14(3): 172–183
[63] Seal 2011, S. 16.
[64] Gerhardt 2023, S. 121, kursiv im Original.
[65] Gerhardt 2023, S. 112, Kursive weggelassen.
[66] Wildberger, Jula (2025). *Die Philosophie der Stoa*. München.
[67] Seneca (2024) *Vom glückseligen Leben und andere Schriften*. Stuttgart, S. 64.
[68] Wildberger 2025, S. 23.
[69] Seneca 2024, S. 65,
[70] S. dazu Lukes, Steven (1971). The Meanings of «Individualism», *Journal of the History of Ideas* 32(1): 45–66, hier S. 58f.
[71] Caferro, William (2017). Individualism and the Separation of Fields of Study: Jacob Burkhardt and Ercole Ricotti, in Caferro, William (ed.). *The Routledge History of the Renaissance*. London/New York, S. 62–74.
[72] Lukes, Steven (1971). The Meanings of «Individualism», *Journal of the History of Ideas* 32(1): 45–66, hier S. 58.
[73] Simmel, Georg (1993). *Das Individuum und die Freiheit*. Frankfurt am Main, S. 212.
[74] Safranski 2021, S. 14f.
[75] Goertz, Hans-Jürgen (1995). *Antiklerikalismus und Reformation. Sozialgeschichtliche Untersuchungen*. Göttingen.
[76] Van Dülmen, Richard (1987). *Reformation als Revolution. Soziale Bewegung und religiöser Radikalismus in der deutschen Reformation*. Frankfurt am Main, S. 56.
[77] Gerhardt 2023, S. 128.
[78] Van Dülmen 1987, S. 35.

[79] McCloskey, Deirdre Nansen (2016). *Bourgeois Equality. How Ideas, Not Capital or Institutions, Enriched the World*. Chicago/London, S. 373, meine Übersetzung.

[80] Ozment, Steven (1991). *Protestants. The Birth of a Revolution*. New York, S. 36.

[81] Aus Platzgründen kann ich hier nicht auf das Spannungslinie zwischen Individuum und Kollektiv im Judentum eingehen. Die Meinungen hierzu divergieren. Ich danke Issac Ben-Israel für unsere Diskussion zu dieser Frage am 10.4.2025. Ben-Israel sieht das Judentum auf dem Individualismus-Kollektivismus-Spektrum deutlich näher beim Protestantismus als beim Katholizismus.

[82] In der jüdischen Mystik und insbesondere in der Kabbala erscheint die Thora als eine Offenbarung mit unzähligen – oder um genau zu sein: 600'000 – «Gesichtern», Sinnesschichten und Eingängen. Jeder Einzelne hat «seine eigene, unverwechselbare Möglichkeit des Zugangs zur Offenbarung». Auch hier erscheint der Einzelne so als allein-ständig, als echt und authentisch – um nochmals Peter Bieri anzuführen – und als ein Akteur mit einer eigenen Stimme. Vgl. Scholem 1973, S. 23.

[83] www.welt.de/geschichte/article143511150/Teufel-begleiteten-Jan-Hus-zum-Scheiterhaufen.html (Download vom 28.2.2025).

[84] Ribi, Thomas (2024). Sein Kampf endete auf dem Scheiterhaufen, *Neue Zürcher Zeitung* (15. Juni), S. 43.

[85] Weber, Max (2017 [1904/1905]). *Die protestantische Ethik und der «Geist» des Kapitalismus*. Stuttgart, S. 96.

[86] Zit. in: McCloskey 2016, S. 362, meine Übersetzung.

[87] Fenske 1992, S. 316–322.

[88] Zit. in: Seidel, Helmut (2020). *Baruch de Spinoza zur Einführung*. Hamburg, S. 104.

[89] Spinoza, Baruch de (2014 [1670]). Theologisch-politischer Traktat, in Pfister, Jonas (Hrsg.). *Texte zur Freiheit*. Stuttgart, S. 236–240; vgl. auch: Pitts, Edward I. (1986). Spinoza on Freedom of Expression, *Journal of the History of Ideas* 47(1): 21–35; Seidel 2020.

[90] Zit. in: Seidel 2020, S. 105.

[91] Für einen raschen Überblick s. z.B.: Fenske, Hans (Hrsg.) (1992). *Geschichte der politischen Ideen. Von Homer bis zur Gegenwart*. Frankfurt am Main, S. 331–346.

[92] Kant, Immanuel (2017). *Denken wagen. Der Weg aus der selbstverschuldeten Unmündigkeit*. Stuttgart, S. 7–16.

[93] Joffe, Josef (2021). Liberalismus, ade, *Neue Zürcher Zeitung* (27. März): 40.

[94] Zum Liberalismus vgl. z.B.: Döhn, Lothar (1989). Liberalismus, in Neumann, Franz (Hrsg.). *Handbuch Politischer Theorien und Ideologien*. Reinbek bei Hamburg, S. 9–64.

[95] Joffe 2021.

[96] Mill, John Stuart (1995 [1859]). *Über die Freiheit*. Stuttgart.

[97] Mill 1995, S. 10.

[98] Mill 1995, S. 16f.

[99] Mill 1995, S, 20.

[100] Mill 1995, S, 26.

[101] Locke, John (2014 [1690]). Über die Regierung, in Pfister, Jonas (Hrsg.). *Texte zur Freiheit*. Stuttgart, S. 241–244.

[102] Gerhardt 2023, S. 154, kursiv im Original; s. auch: Fenske 1992, S. 324–329.

[103] Siehe hierzu und zum Folgenden: Geissbühler, Simon (2021). *Amerika. Die politische Idee*. Bern, S. 39f., S. 43–52.

[104] Arendt, Hannah (2006 [1963]). *On Revolution*. New York; s. auch: Wood, Gordon S. (1966). Rhetoric and Reality in the American Revolution, *The William and Mary Quarterly* 23(1): 3–32.

[105] Lukes 1971, S. 61.

[106] Paine, Thomas (2015 [1776.]). *Common Sense, The Crisis & Other Writings from the American Revolution*. New York.

[107] Dank an P. H. für den Hinweis, dass es in den VAE ein Staatsministerium für Glück gibt.

[108] Bajohr, Frank/Pohl, Dieter (2008). *Massenmord und schlechtes Gewissen. Die deutsche Bevölkerung, die NS-Führung und der Holocaust*. Frankfurt am Main, S. 10, S. 13.

[109] Longerich, Peter (2007). *«Davon haben wir nichts gewusst!» Die Deutschen und die Judenverfolgung 1933–1945*. München, S. 328.

[110] Ricoeur, Paul (2004). *Memory, History, Forgetting*. Chicago/London, S. 448f.

[111] Goldhagen, Daniel Jonah (2000). *Hitlers willige Vollstrecker. Ganz gewöhnliche Deutsche und der Holocaust*. München.
[112] Browning, Christopher R. (1992). *Ordinary Men: Reserve Police Battalion 101 and the Final Solution in Poland*. New York: s. auch den Dokumentarfilm von Manfred Oldenburg «Ordinary Men» von 2023 auf Netflix.
[113] Hilberg, Raul (1993). *Perpetrators, Victims, Bystanders. The Jewish Catastrophe 1933–1945*. New York.
[114] Kopstein, Jeffrey S./Wittenberg, Jason (2018). *Intimate Violence. Anti-Jewish Pogroms on the Eve of the Holocaust*. Ithaca/London.
[115] Vgl. dazu: Geissbühler, Simon (2014). «He Spoke Yiddish Like a Jew»: Neighbors‘ Contribution to the Mass Killing of Jews in Northern Bukovina and Bessarabia, July 1941, *Holocaust and Genocide Studies* 28(3). 430–449.
[116] Kelly, Tobias (2020). Dissenting Conscience: The Intimate Politics of Objection in Second World War Britain, in Amarasuriya, Harini et al. (eds.) *The Intimate Life of Dissent: Anthropological Perspectives*. London, S. 112–131, hier S. 112, meine Übersetzung. Der britische Anthropologe Tobias Kelly hat in diesem Zusammenhang darauf hingewiesen, dass der Protestantismus für die Outlaws und Renegaten wie Bonhoeffer gegen den Nationalsozialismus ein wichtiger Antrieb war.
[117] Harari 2024, S. 225.
[118] Matwijtschuk, Oleksandra (2025). «Nie wieder» und der Krieg, *Lettre International* 149 (Sommer): 16–18, hier S. 16.
[119] Harari 2024, S. 225.
[120] Hayek 2011, S. 203f.
[121] Werth, Nicolas (2007). Der Gulag im Prisma der Archive: Zugänge, Erkenntnisse, Ergebnisse, *Osteuropa* 57(6): 8–30; Snyder, Timothy (2021). Foreword, in Marynovych, Myroslav (2021). *The Universe behind Barbed Wire. Memoirs of a Ukrainian Soviet Dissident*. Rochester, S. ix-xxiv.
[122] Zit. in: Stus, Dmytro (2021). *Vasyl Stus. Life in Creativity*. Stuttgart/New York, S. 280f. (meine Übersetzung).
[123] Snyder 2021: xii.
[124] Méheut, Constant (2024). Ukrainians are reclaiming their literary heritage, *The New York Times International Edition* (December 19): 1f.

[125] Vgl. z.B. Reid, Anna (2000). *Borderland. A Journey Through the History of Ukraine*. Boulder.
[126] Herder, Johann Friedrich (2013 [1769]). *Journal meiner Reise im Jahr 1769*. Berlin/North Charleston, S. 21f.
[127] Zum Holodomor s. z.B.: Hook, Kristina (2021). Pinpointing Patterns of Violence: A Comparative Genocide Studies Approach to Violence Escalation in the Ukrainian Holodomor, *Genocide Studies and Prevention* 15(2): 10–36; Graziosi, Andrea (2018). The National and the Social in Stalin's Political Famines, *Contemporary European History* 27(3): 470–475; Jilge, Werner (2004). Holodomor und Nation: Der Hunger im ukrainischen Geschichtsbild, *Osteuropa* 54(12): 146–163; Mark, Rudolf A./Simon, Gerhard (2004). Vernichtung durch Hunger: Der Holodomor in der Ukraine und der UdSSR 1932 und 1933, *Osteuropa* 54(12): 4–12.
[128] Wendland, Anna Veronika (2023). *Befreiungskrieg. Nationsbildung und Gewalt in der Ukraine*. Frankfurt am Main/New York, S. 22, S. S. 156f. (Zitat S. 156).
[129] Wendland 2023, S. 175–177, Zitat S. 177.
[130] Stus 2021, S. 97.
[131] Zit. in: Stus 2021, S. 186.
[132] Zit. in: Stus 2021, S. 286, meine Übersetzung.
[133] Zit. in: Stus 2021, S. 266.
[134] Stus 2021: 167f.
[135] Zit. in: Stus 2021, S. 279, meine Übersetzung.
[136] Zit. in: Stus 2021, S. 287 (meine Übersetzung), S. 280.
[137] Snyder 2021: xvii.
[138] Stus 2023, S. 185.
[139] Strittmatter, Kai (2020). *Die Neuerfindung der Diktatur. Wie China den digitalen Überwachungsstaat aufbaut und uns damit herausfordert*. München, S. 7, S. 41, S. 54, S. 97.
[140] Qiang, Xiao (2019). President Xi's Surveillance State, *Journal of Democracy* 30(1): 53–67.
[141] Vitale, Heather Marie (2022). Repression Grows in a Desensitized World: Case Studies in Transnational Repression, *Journal of International Affairs* 75(1): 131–142; Stack 2025.
[142] Liao Yiwu (2023). *Unsichtbare Kriegsführung. Wie ein Buch ein Imperium bezwingt*. Stuttgart, S. 5. Siehe auch: Qing, Dai (2021). *The Most Dammed Country in the World*. London, S. 18: «[The] secret of China's ‚rise' lies in ‚the advantage

of low human rights‘ – allowing for the exploitation of the rights of provincial workers, natural resources, and the environment»; vgl. dazu auch: Schell, Orwell (2018). China's Cover-Up, *Foreign Affairs* (January/February): 22–27.

[143] Freedom House (ed.) (2023). *Freedom on the Net 2023: The Repressive Power of Artificial Intelligence*. Washington: «AI can serve as an amplifier of digital repression, making censorship, surveillance, and the creation and spread of disinformation easier, faster, cheaper, and more effective» (S. 1).

[144] Weiwei, Ai (2022). Der Mensch verschwindet im Staat, *Schweizer Monat* 1097: https://schweizermonat.ch/der-mensch-verschwindet-im-staat/ (Download vom 29.6.2025).

[145] Interview mit Daniel Leese («Sie wussten alles und taten nichts») in *Frankfurter Allgemeine Zeitung* (26. Januar 2023), S. 13.

[146] Aron, Leon (2024). What Putin and Xi Have in Common, *Commentary* (March): 27–33.

[147] Kalkhof, Maximilian (2016). «Ein Schriftsteller sollte im Gefängnis gesessen haben», *Der Spiegel*: https://www.spiegel.de/kultur/literatur/liao-yiwu-romandebuet-die-wiedergeburt-der-ameisen-des-chinesischen-autors-a-1114717.html (Download vom 9.4.2023). Zum Gedicht «Massaker» vgl. Kunze, Rui (2019). Trauma in Translation. Liao Yiwu's «Massacre» in English and German, in Van Crevel, Maghiel/Klein, Lucas (eds.). *Chinese Poetry and Translation*. Amsterdam, S. 309–330.

[148] Liao 2023, S. 11, S. 15.

[149] Liao 2023, S. 26. Dieses Vergessen-Werden zu verhindern, ist eine wichtige Aufgabe der Menschenrechtsdiplomatie. Die Namen jener zu nennen, die wegen der Wahrnehmung ihrer Rechte inhaftiert sind, ist ein kleines, aber wichtiges Signal.

[150] Liao 2023, S. 50.

[151] Liao 2023, S. 84.

[152] Liao 2023, S. 89.

[153] Lezina, Evgenija (2014). Memorial und seine Geschichte. Russlands historisches Gedächtnis, *Osteuropa* 64(11–12): 165–176; Ščerbakova, Irina (2020). Memorial unter Druck. Techniken des repressiven Staates in Russland, *Osteuropa* 70(3–4): 215–228.

[154] Tchouikina, Sofia (2023). Exhibitions on Soviet Repressions at the Moscow NGO Memorial (2011–2021): Transforming Family Memory into Cultural Memory, *Problems of Post-Communism* 70(5): 557–569.

[155] Petrov, Nikita (2018). Don't Speak, Memory, *Foreign Affairs* (January/February): 16–21.

[156] Aron 2023, S. 31f.

[157] Assmann, Aleida (2023). Zukunft aus Vergangenheit? Putin, die EU und die Ukraine aus der Perspektive ihrer Erinnerungskulturen, in Mishchenko, Kateryna/Raabe, Katharina (Hrsg.). *Aus dem Nebel des Krieges. Die Gegenwart der Ukraine*. Frankfurt am Main, S. 253–268.

[158] Iakovlenko, Kateryna (2023). Vorsicht, gefährliche Bäume, in Mishchenko/Raabe (2023), S. 125–142, hier S. 135.

[159] Siehe das Schlussplädoyer von Kara-Murza in englischer Übersetzung in der *Washington Post*: https://www.washingtonpost.com/opinions/2023/04/10/vladimir-kara-murza-final-statement-court/ (Download vom 9.7.2023); meine Übersetzung: «Ich war sicher, dass mich nach zwei Jahrzehnten in der russischen Politik, nach allem, was ich gesehen und erlebt habe, nichts mehr überraschen würde. Ich muss zugeben, dass ich falsch lag. Ich bin überrascht, wie mein Gerichtsfall in seiner Geheimhaltung und in seiner Verachtung der rechtlichen Normen sogar die ‚Gerichtsverhandlungen' gegen die sowjetischen Dissidenten in den sechziger und siebziger Jahren in den Schatten gestellt hat. Und damit ist noch nichts gesagt über die Härte der Strafe, die verlangt wurde, oder das Gerede von den ‚Feinden des Staates'. In dieser Hinsicht sind wir sogar hinter die siebziger Jahre zurückgefallen – bis zurück in die dreissiger Jahre. [. . .] Ich bin im Gefängnis wegen meiner politischen Überzeugungen. Weil ich mich gegen den Krieg gegen die Ukraine gestellt habe. Weil ich jahrelang gegen die Diktatur von Vladimir Putin angekämpft habe. Weil ich mich eingesetzt habe für die Verabschiedung von individuellen Magnitsky-Sanktionen gegen Personen, die die Menschenrechte verletzt haben. [. . .] Aber ich weiss, dass der Tag kommen wird, an dem sich die Dunkelheit über unserem Land auflösen wird. Dann wird schwarz wieder schwarz und weiss wieder weiss genannt werden,

dann werden die offiziellen Stellen zugeben, dass zwei plus zwei vier sind. Dann wird der Krieg wieder Krieg und der Usurpator wieder Usurpator genannt werden. Und dann werden jede, die diesen Krieg angezettelt haben – statt zu versuchen, ihn zu stoppen – als Kriminelle benannt werden».

[160] Ackeret, Markus (2023). Lieber hinter Gitter als ins Exil, *Neue Zürcher Zeitung* (22. April), S. 3.

[161] Diamond, Larry (2019). *Ill Winds. Saving Democracy from Russian Rage, Chinese Ambition, and American Complacency*. New York.

[162] Müller 2025, S. 19.

[163] Diese Verengung der demokratischen Räume in Demokratien und die Tatsache, dass das Individuum mehr und mehr verlorengeht, ist u.a. der Polarisierung und Fragmentierung vieler Gesellschaften geschuldet. Die beiden deutschen Politologen Jürgen W. Falter und Eckhard Jesse beobachten zunehmendes «polarisierendes Dissensdenken» einerseits und «uniformes Konsensdenken» andererseits. Vgl. Falter, Jürgen W./Jesse, Eckhard (2021). Liberalität ist eine Geisteshaltung, *Libertas. Jahrbuch für Meinungsfreiheit* 1: 33–36, Zitat S. 34.

[164] Luna, Itzel (2023). AI in surveillance sounds alarms, *USA Today* (July 27): 1A/6A.

[165] Singer, P. W./Brooking, Emerson T. (2018). *LikeWar. The Weaponization of Social Media*. Boston/New York.

[166] Silver, Nate (2024). For most people, politics is about fitting in, *Silver Bulletin*: https://www.natesilver.net/p/for-most-people-politics-is-about (Download vom 9.5.2024).

[167] McWorther, John (2021). *Woke Racism. How a New Religion Has Betrayed Black America*. New York.

[168] Joffe 2021; s. dazu auch: Illouz, Eva (2024). *Le 8-Octobre. Généalogie d'une haine vertueuse*. Paris; Persico, Tomer (2025). What's New about the New-Antisemitism: Western Self-Hatred and the Offering of Israel, *Zeitschrift für Religion, Gesellschaft und Politik*: https://tomerpersico.wordpress.com/wp-content/uploads/2025/11/tomer-persico-whats-new-about-the-new-antisemitism-western-self-hatred-and-the-offering-of-israel.pdf (Download vom 16.11.2025).

[169] Schwarz, Sama (2025). Ein Plädoyer für mehr geistige Resilienz, *Neue Zürcher Zeitung* (22. März): www.nzz.ch/feuilleton/ein-plaedoyer-fuer-mehr-geistige-resilienz-ld.1875979 (Download vom 13.4.2025).

[170] https://twitter.com/joergscheller1/status/1786068348234616878 (Download vom 9.5.2024); s. auch Murray 2020.

[171] Schwarz 2025. Eines unter unzähligen Beispielen ist die Geschichte des Ökonomen Roland Fryer. Fryer wurde 1977 geboren und promovierte 2002 mit einer Arbeit zu mathematischen Modellen zu Diskriminierung und Ungleichheit. Als 30-Jähriger wurde er der jüngste afroamerikanische Professor in Harvard. Ich bin Fryer nie persönlich begegnet, aber bei den Recherchen für mein Amerika-Buch bin ich über seine Studien zu Polizeigewalt gestolpert. Fryer wies mit ökonometrischen Modellen nach, dass Schwarze in den USA überdurchschnittlich oft Opfer von nichttödlicher Polizeigewalt werden. Hingegen konnte Fryer in seinen Studien keine überproportionale Gewaltanwendung der Polizei an Schwarzen mit Todesfolge feststellen (Geissbühler 2021, S. 128). Diese Befunde widersprachen schlicht der woken «Wahrheit». Fryer kam auf die Abschussliste der Universitätsleitung und wurde zum Freiwild erklärt (s. hierzu Ausschnitte eines Interviews mit Roland Fryer vom 15.2.2024 auf X: https://twitter.com/TheFP/status/1758247853351174268 [Download vom 18.2.2024]).

[172] Vgl. dazu Norris, Pippa (2021). Cancel Culture: Myth or Reality?, *Political Studies*: https://journals.sagepub.com/doi/full/10.1177/00323217211037023 (Download vom 7.1.2023): «The evidence suggests that the cancel culture is not simply a rhetorical myth; scholars may be less willing to speak up to defend their moral beliefs if they believe that their views are not widely shared by colleagues or the wider society to which they belong».

[173] Cyrulnik 2023, S. 165.

[174] Ackermann, Ulrike (2022). «Cancel Culture», Diskursverengung und die Politisierung der Wissenschaft, in Kessler, Olivier/Ruch, Peter (Hrsg.). *Wissenschaft und Politik*. Zürich, S. 137–152. Während Ackermanns Analyse zu «Cancel Culture» und Diskursverengung in vielerlei Hinsicht zutrifft, ist

ihre These, die linke Identitätspolitik sei eine Spätfolge u.a. des Kommunitarismus, steil. Hier werden doch einige wichtige Zwischenschritte übersprungen.

175 Ackermann 2022, S. 152.

176 Zur woken Rechten vgl. z.B.: Berkowitz, Roger (2025). *The Danger of the Woke Right*: https://hac.bard.edu/amor-mundi/the-danger-of-the-woke-right-2025--03--02 (Download vom 16.11.2025); Appel, Josh (2025): *The Evil Idea That Has Taken Over the Woke Right*, https://www.commentary.org/articles/josh-appel/conspiracist-woke-right-religion/ (Download vom 16.11.2025): «However, the evidence suggests that the new right-wing conspiracy culture is more than just anti-institutional – it is a new adaptation of an intellectual trend that has dominated the left for two generations. That trend is ‚critical theory' – the study of the supposedly hidden systems of power and oppression that shape society and must be exposed before being dismantled. [. . .] What appears to be random conspiracy theorizing of disparate topics is, in fact, a coherent theology that views secular power as inherently anti-Christian and positions authoritarian figures like Hitler as preferable to modern liberal elites. [. . .] It also makes sense, then, when this woke right overlaps with the woke left. Both see the world categorized by victims and victimizers, with power being the determinant of evil».

177 Hoffmann, Christian (2024). Journalistische Schattenseiten politischer Schlagseiten, *Sonderpublikation* (*Schweizer Monat*) (März): 4–7.

178 Podhoretz, John et al. (2025). Eugenics and the Manosphere Anti-Semites, *Commentary Magazine Podcast* (April 18): www.commentary.org/john-podhoretz/eugenics-and-the-manosphere-anti-semites/ (Download vom 11.5.2025).

179 Siehe dazu z.B. Willke, Helmut (2014). *Demokratie in Zeiten der Konfusion*. Frankfurt am Main.

180 Willke 2014.

181 Singer/Brooking 2018.

182 Walker, Christopher et al. (2020). The Cutting Edge of Sharp Power, *Journal of Democracy* 31(1): 124–137; Brands, Hal/Edel, Charles (2021). A Grand Strategy of Democratic Solidarity, *The Washington Quarterly* 44(1): 29–47.

[183] Grau, Alexander (2024). Das Analoge ist unersetzlich, *Q* (*Schweizer Monat*) (März): 88/90.
[184] Chayka, Kyle (2024). *Filterworld. How Algorithms Flattened Culture*. London, S. 5f., S. 9.
[185] Lee, Kai-Fu (2018). *AI Superpowers. China, Silicon Valley, and the New World Order*. Boston/New York.
[186] Müller-Mall 2020, S. 42, S. 32, S. 59.
[187] Ich danke Isaac Ben-Israel für ein spannendes Gespräch am 10.4.2025.
[188] Barrat, James (2023). *Our Final Invention. Artificial Intelligence and the End of the Human Era*. London.
[189] Witt, Stephen (2025). The A.I. prompt that could end the world, *The New York Times International Edition* (October 15), s. 10f.
[190] Vgl. dazu: Ferguson, Niall (2024). Resistance Is Futile, But Maybe Not With AI, *Bloomberg*: https://www.bloomberg.com/ (Download vom 24.3.2024).
[191] Buber 2002; Buber 1953.
[192] Ortega y Gasset 2012, 127.
[193] Mill 1995; s. dazu auch: Sofsky, Wolfgang (2014b). Redefreiheit, *Schweizer Monat* 1018 (Juli): https://schweizermonat.ch/redefreiheit/: «Konsens ohne Argumente endet in Konformismus. Der Wahn eigener Unfehlbarkeit stützt sich meist auf die Unterdrückung anderer Meinungen. Ohne Widerspruch werden nur die gängigen Ideen wiederholt, und je häufiger sie nachgeredet werden, desto glaubhafter erscheinen sie. Nicht auf begrifflicher Klarheit, empirischen Tatsachen und logischen Schlussfolgerungen gründen viele Meinungen, sondern auf purer Gewohnheit. Sie lässt die Idee zur Ideologie, die Rede zur Worthülse erstarren».
[194] Schiller, Friedrich (2025 [1804]). *Wilhelm Tell.* Stuttgart, S. 62
[195] Illouz 2024, S. S. 30. Ich danke Eva Illouz für ein spannendes Gespräch am 31. Juli 2025.
[196] Guthke, Karl S. (2018). *Exploring the Interior: Essays on Literary and Cultural History*. Cambridge, S. 263–288.
[197] De Capitani, François (2013). Wilhelm Tell, *Historisches Lexikon der Schweiz*: https://hls-dhs-dss.ch/de/articles/017475/2013--12--17/ (Download vom 20.7.2025).
[198] Schiller 2025, S. 117, S. 26, S. 27.

[199] Schiller 2025, S. 88.
[200] Zit. in: Guthke 2018, S. 271.
[201] Schiller 2025, S. 27.
[202] Schiller 2025, S. 30, S. 31.
[203] Schiller 2025, S. 126f., S. 124.
[204] Schiller 2025, S. 20, S. 69.
[205] Schiller 2025, S. 76, S. 45f.
[206] Schiller 2025, S. 58, S. 62.
[207] Schiller 2025, S. 87.
[208] Schiller 2025, S. 127, S. 132, S. 135.
[209] Bradbury, Ray (2008 [1954]). *Fahrenheit 451*. London. S. 77.
[210] Orwell, George (1964 [1949]). *1984*. Stuttgart, S. 10.
[211] Lisboa, Maria Manuel (2011). *Dying of Happiness: Utopia at the End of this World*. Cambridge, S. 151.
[212] Orwell 1964, S. 233. Eine interessante Parallele besteht hier zum «Verschwinden» des chinesischen Aussenministers Qin Gang im Sommer 2023, dessen Namen und damit auch Verweise auf Treffen mit Amtskollegen, Auslandbesuche oder Reden auf den Webseiten des chinesischen Aussenministeriums systematisch gelöscht wurden, als hätte es Qin Gang nie gegeben (*The New York Times*, 28.7.2023, S. A11).
[213] Orwell 1964, S, 228. Eine Bemerkung am Rande: Dass heute woke Aktivistinnen und Aktivisten allen Ernstes behaupten, wer sage, zwei und zwei sei gleich vier, sei ein Rassist und pflege ein hegemonistisches, «weisses» Narrativ, ist schon ironisch, wobei diese Ironie den Woken entgehen dürfte.
[214] Thorp, Malcom R. (1984). The Dynamics of Terror in Orwell's «1984», *Brigham Young University Studies* 24(1): 3–17.
[215] Cyrulnik 2023.
[216] Huxley, Aldous (2021 [1932]). *Schöne Neue Welt*. Frankfurt am Main.
[217] Bradbury 2008.
[218] Beauchamp, Gorman (1991). The Shakespearean Strategy of Brave New World, *Utopian Studies* 4: 60–64.
[219] Huxley 2021, S. 52, S. 56f. Der Stabilitätsfetisch ist heute in unseren sogenannt westlichen Gesellschaften weit verbreitet. Stabilität ist bequem, passiv, langsam. Wir blenden aus – wohl noch immer geblendet vom kurzen unipolaren Moment nach 1989 und der verständlichen Hoffnung auf globale Harmo-

nie –, dass Stabilität im Allgemeinen und Stabilität in den internationalen Beziehungen im Speziellen historisch betrachtet die Ausnahme und nicht die Regel ist. Wir verkennen, dass es Akteure gibt, die das Chaos brauchen und schüren und die Welt, um mit Ernst Jünger zu sprechen, zur Wüste oder zum Urwald umgewandelt sehen wollen. Wir sollten aber die Welt so betrachten, wie sie ist, und nicht so, wie wir sie gerne hätten: Die viel beschworene Stabilität und gar – in Anlehnung an chinesische Konzepte – globale Stabilität ist also eine Illusion, eine Fata Morgana. Was gefragt ist, ist der kluge, agile und interessen- und wertegeleitete Umgang mit Instabilität, das Navigieren in einem sich laufend wandelnden Umfeld.

220 Huxley 2021, S. 242f.

221 Vargas Llosa 2014: 58; Huxley 2021, S. 263–275.

222 Für eine detaillierte Analyse des Charakters John Savage vgl.: Wells, Arvin R. (1980). Huxley, Plato and the Just Society, *The Centennial Review* 24(4): 475–491.

223 Cyrulnik 2023, S. 58.

224 Bradbury 2008, S. 77.

225 Bradbury 2008, S. 107: «Nobody listens any more. [. . .] I just want someone to hear what I have to say. And maybe if I talk long enough, it'll make sense. And I want you to teach me to understand what I read».

226 Bradbury 2008, S. 153: «You think you can walk on water with your books. Well, the world can get by just fine without them. [. . .] Montag, you idiot, Montag, you damned fool; why did you really do it?».

227 Wo die Grenze zwischen Autoritarismus und Totalitarismus zu ziehen ist, ist hier weniger relevant, und die Unterschiede und Übergänge zwischen den beiden Ismen sind so oder so fliessend und hängen letztlich von den gewählten Definitionen ab. Der Autoritarismus gilt gemeinhin als eine Vorstufe zum Totalitarismus, dem umfassenden, eben «totalen» autoritären System. Mussolinis Diktum fasst das Wesen des Totalitarismus einprägsam zusammen: «Alles für den Staat, nichts ausserhalb des Staates, nichts gegen den Staat». S. dazu Linz, Juan J. (1989). Autoritäre Regime, in Nohlen, Dieter/Schultze, Rainer-Olaf (Hrsg.). *Pipers Wörterbuch zur Politik. Politikwissenschaft*. München/Zürich, S. 62–65; Wippermann, Wolfgang (1992). Tota-

litarismus/Totalitarismustheorie, in Nohlen, Dieter/Schultze, Rainer-Olaf (Hrsg.). *Pipers Wörterbuch zur Politik. Politikwissenschaft*. München/Zürich, S. 1032–1035.

[228] Lübbe, Hermann (1991). *Freiheit statt Emanzipationszwang. Die liberalen Traditionen und das Ende der marxistischen Illusionen*. Osnabrück, S. 10.

[229] Griswold, Charles L. (1996). Happiness, Tranquility, and Philosophy, *Critical Review* 10(1): 1–32.

[230] Cyrulnik 2023, S. 68.

[231] Zit. in: Schmid 2025.

[232] Eggers, Dave (2013). *The Circle*. London/New York, S. 150, S. 303.

[233] Bex, Sean/Craps, Stef (2015). An Interview with Dave Eggers and Mimi Lok, *Contemporary Literature* 56(4): 545–567, hier S. 557: «No, I think they've thought of everything. Honestly, nothing that came up had not already been thought up by someone in research and development. Some of it has even already happened. It's moving so fast, and there is so much money in it».

[234] Gellai, Szilvia (2016). Der gläserne Mensch in Dave Eggers' *The Circle*, in Adam, Marie-Hélène et al. (Hrsg.). *Technisierte Lebenswelt – Über den Prozess der Figuration von Mensch und Technik*. Bielefeld, S. 289–308, Zitat S. 298.

[235] Eggers 2013, S. 367, meine Übersetzung.

[236] Diese Parolen und Leitmotive erinnern – nicht zufällig, wie Eggers zugibt – an jene in Orwells «1984»: Eggers hat sich von Orwell inspirieren lassen (s. Bex/Craps 2015).

[237] Eggers 2013, S. 67, S. 70, meine Übersetzung.

[238] Eggers 2013, S. 69: «This is ultimate transparency. No filter. See everything. Always».

[239] Gellai 2016, S. 299.

[240] Eggers 2013, S. 150, S. 303.

[241] Gellai 2016, S. 299f.

[242] Eggers 2013, S. 392.

[243] Eggers 2013, S. 430: «You people are creating a world of ever-present daylight, and I think it will burn us all alive».

[244] Eggers 2013, S. 401.

[245] Eggers 2013, S. 481.

[246] Strauss 2013: 11.

[247] Vgl. dazu Herman, Peter C. (2018). More, Huxley, Eggers, and the Utopian/Dystopian Tradition, *Renaissance and Reformation / Renaissance et Réforme* 41(3): 165–193.
[248] Beckman, Frida (2020). Control and the Novel: Dave Eggers and Disciplinary Form, *MFS Modern Fiction Studies* 66(3): 527–546: «Indeed, it is the Circle, rather than Mae, that increasingly appears to be the protagonist as the human characters are placed in the shadow of the company's own Lukácsian journeying toward itself» (S. 542).
[249] Wasihun, Betiel (2018). Surveillance and Shame in Dave Eggers's *The Circle*, *On_Culture: The Open Journal for the Study of Culture* 6: http://geb.uni-giessen.de/geb/volltexte/2018/13898/pdf/On_Culture_6_Wasihun.pdf (Download vom 15.8.2022).
[250] Eggers, Dave (2023). *Every*. Köln, S. 21.
[251] Eggers 2023, S. 21, S. 151.
[252] Eggers 2023, S. 349.
[253] Eggers 2023, S. 350.
[254] Eggers 2023, S. 472.
[255] Eggers 2023, S. 573 (Hervorhebung im Original).
[256] Eggers 2023, S. 357, S. 565.
[257] Eggers 2023, S. 564.
[258] Eggers 2023, S. 565.
[259] Zum Sozialkredit-System vgl. Harari 2024, S. 349–354.
[260] Eggers 2023, S. 573.
[261] Marcalo, Danny Marques (2021). Every von Dave Eggers: Warnung an die Zukunft, *NDR Kultur*: www.ndr.de/kultur/buch/Dave-Eggers-Every.every102.html (Download vom 2.7.2023).
[262] Snyder 2024, S. 69; Stack 2025.
[263] Cyrulnik 2023, S. 172.
[264] Seiler, Sascha (2022). Verniedlichtes Grauen, *literaturkritik.de*: literaturkritik.de/eggers-every,28473.html (Download vom 2.7.2023): «Wunderbar ist vor allem, wie Eggers die politische Korrektheit wie die identitätspolitisch motivierten Handlungen seiner Figuren genüsslich seziert, dem Leser aber gleichzeitig die Luft zum Atmen nimmt. Denn, so ist die brandaktuelle Kernaussage dieses Textes, die Diktatur droht nicht nur von megalomanischen Tech-Konzernen, einer ungebremsten Digitalisierung und der globalen rechtsextremen

Gefahr, sondern auch im Kontext einer schonungslosen Ideologisierung des Lebens, in der die in sich hehren ökologischen und sozialen Ziele über alles gestellt werden, was das menschliche Miteinander ausmacht».

265 Vgl. dazu Harari 2024, S. 337–346.

266 Meigs, James B. (2023). Will We Love Big Brother?, *Commentary* (June): 9–10; Stack 2025.

267 Zum Film, zur Kritik sowie für Zitate vgl.: Žižek, Slavoj (2006). The Matrix, or, the Two Sides of Perversion, in Weiss, Joel et al. (eds.). *The International Handbook of Virtual Learning Environments*. Dordrecht, S. 1549–1569; Bartlett, Laura/Byers, Thomas B. (2003). Back to the Future: The Humanist «Matrix», *Cultural Critique* 53(Winter): 28–46; Frentz, Thomas/Hocker Rushing, Janice (2002). «Mother Isn't Quite Herself Today»: Myth and Spectacle in The Matrix, *Critical Studies in Media Communication*, 19(1):64–86; Stroud, Scott R. (2001). Technology and Mythic Narrative: The Matrix as Technological Hero-Quest, *Western Journal of Communication* 65(4): 416–441.

268 Žižek 2006, S. 1568: «the reduction of the subject to an utter instrumentalized passivity».

269 S. dazu das Gedankenexperiment bei Griswold 1996, S. 19, S. 23.

270 «You're trying to make me choose between the Matrix and the real world. But I already made my choice, and I choose the Matrix».

271 Ich setzte am Schluss des Schreibprozesses an einigen wenigen Stellen, die alle explizit mit einer Fussnote gekennzeichnet sind, mehr spasseshalber und aus Neugier AI ein – und zwar ChatGPT. Es ging mir dabei nicht um eine Validierung meiner Arbeit im Allgemeinen und einzelner Aussagen im Speziellen, sondern mehr um die spielerische und punktuelle Nutzung von AI, um gerade auch gewisse Aussagen zu AI und Freiheit in diesem Buch im Text zu spiegeln.

272 Podhoretz, John (2025). *Special Podcast: In Praise of «Andor»*: www.commentary.org/john-podhoretz/special-podcast-in-praise-of-andor/ (Download vom 29.6.2025).

273 Kertész, Imre (2008). *Dossier K. Eine Ermittlung*. Reinbek bei Hamburg, S. 88.

[274] Kertész, Imre (2015). *Letzte Einkehr. Ein Tagebuchroman.* Reinbek bei Hamburg, S. 113.
[275] https://www.nobelprize.org/prizes/literature/2002/kertesz/25352-imre-kertesz-nobelvorlesung/ (Download vom 8.12.2022).
[276] Michaelis-König, Andree (2012). Authentisches Erzählen nach der Shoah: Imre Kertész' «Liquidation» und Jean Améry, in Weixler, Antonius (Hrsg.): *Authentisches Erzählen: Produktion, Narration, Rezeption*. Berlin, S. 37–55.
[277] Kertész, Imre (2002). *Galeerentagebuch*. Berlin, S. 300.
[278] Ungváry, Krisztián (2011). «Lager und Fahne sind eins»: Fatale Traditionen in Ungarns Erinnerungskultur, *Osteuropa* 61(12): 281–301, hier S. 300.
[279] https://www.nobelprize.org/prizes/literature/2002/kertesz/25352-imre-kertesz-nobelvorlesung/ (Download vom 8.12.2022).
[280] Breitenstein, Andreas (2019). Vernichtung und Erlösung – Imre Kertész' niederschmetternde Prophetie unserer Epoche, *Neue Zürcher Zeitung:* https://www.nzz.ch/feuilleton/imre-kertesz-niederschmetternde-prophetie-unserer-gegenwart-vernichtung-und-erloesung-ld.137258?reduced=true (Download vom 9.7.2023).
[281] Kertész 2002: *Galeerentagebuch*, S. 54f.
[282] Zit. in: *Tagesspiegel* (16.11.2008): https://www.tagesspiegel.de/kultur/die-unsagliche-gleichzeitigkeit-unserer-zeit-6553210.html (Download vom 6.1.2024).
[283] Kertész 2002: *Galeerentagebuch*, S. 60.
[284] Michaelis-König 2012, S. 41.
[285] Kertész 2002: *Galeerentagebuch*, S. 310.
[286] Kertész, Imre (2022). *Heimweh nach dem Tod. Arbeitstagebuch zur Entstehung des «Romans eines Schicksallosen».* Reinbek bei Hamburg, S. 59.
[287] https://www.nobelprize.org/prizes/literature/2002/kertesz/25352-imre-kertesz-nobelvorlesung/ (Download vom 8.12.2022).
[288] Kertész 2002: *Galeerentagebuch*, S, 131.
[289] Kertész 2022, S. 88.
[290] Kertész 2002: *Galeerentagebuch*, S. 299.

[291] Kertész, Imre (2002). *Ich – ein anderer. Roman*. Reinbek bei Hamburg, S. 113.
[292] Kertész 2015, S. 83.
[293] Kertész 2022, S. 88.
[294] Kertész 2015, S. 90.
[295] Kertész 2015, S. 212.
[296] Manea, Norman/Stein, Hannes (2011). *Gespräche im Exil*. Berlin, S. 42.
[297] Manea/Stein 2011, S. 126.
[298] Vgl. dazu z.B. Geissbühler, Simon (2013). *Blutiger Juli. Rumäniens Vernichtungskrieg und der vergessene Massenmord an den Juden 1941*. Paderborn; Ioanid, Radu (2000). *The Holocaust in Romania. The Destruction of Jews and Gypsies Under the Antonescu Regime, 1940–1944*. Chicago.
[299] Hilsenrath, Edgar (2007). *Nacht*. München; Hilsenrath. Edgar ((2010). *Die Abenteuer des Ruben Jablonski*. München; Hilsenrath, Edgar (2007). *Jossel Wassermanns Heimkehr*. München;
[300] Goldenshteyn, Maksim (2022). *So They Remember. A Jewish Family's Story of Surviving the Holocaust in Soviet Ukraine*. Norman; Benz, Wolfgang/Mihok, Brigitte (Hrsg.) (2009). *Holocaust an der Peripherie. Judenpolitik und Judenmord in Rumänien und Transnistrien 1940–1944*. Berlin.
[301] Geissbühler, Simon (ed.) (2016). *Romania and the Holocaust. Events – Contexts – Aftermath*. Stuttgart.
[302] Cugno, Marco (1997). Character and Confrontation: An Interview with Norman Manea, *Salmagundi* 113: 123–133.
[303] Manea, Norman (2023). *Der Schatten im Exil*. München.
[304] Hamm, Simone (2023). *«Der Schatten im Exil» von Norman Manea*: www1.wdr.de/kultur/buecher/manea-der-schatten-im-exil-106.html (Download vom 9.7.2023).
[305] Manea 2006, S. 138, S. 149.
[306] Manea, Norman (2015). *Wir sind alle im Exil. Essays*. München, S. 8.
[307] Manea/Stein 2011, S. 60.
[308] Manea/Stein 2011, S. 59.
[309] Manea 2015, S. 7.
[310] Manea/Stein 2011, S. 43.
[311] Manea, Norman (2006). *Die Rückkehr des Hooligan. Ein Selbstporträt*. Berlin, S. 149.

[312] Manea 2006, S. 169.
[313] Manea/Stein 2011, S. 84.
[314] Geissbühler 2013.
[315] Hierzu und im Folgenden: Hillgruber, Katrin (2019). Wie er zum Hooligan wurde, *Frankfurter Rundschau*: www.fr.de/kultur/literatur/hooligan-wurde-11726886.html (Download vom 5.9.2023).
[316] Oişteanu, Andrei (2007). Mihai Sebastian and Mircea Eliade: Chronicle of a Broken Friendship, *Studia Hebraica* 7: 142–153.
[317] Sebastian, Mihail (2005). *«Voller Entsetzen, aber nicht verzweifelt». Tagebücher 1935–44*. Berlin, S. 42.
[318] Sebastian 2005, S. 13f.
[319] Manea 2006, S. 23.
[320] Frankl 2023, S. 40.
[321] Besten Dank an P. H. für den Hinweis, dass dieser Exkurs ausgebaut werden sollte.
[322] Manea 2015, S. 203–221, Zitat S. 203.
[323] Dnes, Antony W. (2020). The Autopoietic World of Franz Kafka, *The Independent Review* 25(3): 425–438, hier S. 436.
[324] Vgl. z.B. die Kurzgeschichte «Ein Bericht für die Akademie» in: Kafka, Franz (1992). *Sämtliche Erzählungen*. Frankfurt am Main, S. 147–155.
[325] Kafka 1992.
[326] Zit. in: Danoff, Brian (2000). Arendt, Kafka, and the Nature of Totalitarianism, *Perspectives on Political Science* 29(4): 211–218, meine Übersetzung.
[327] Zit. in: Danoff 2000, S. 212.
[328] Dnes 2020, S. 437.
[329] Zit. in: Hess, Andreas (1991). Jean Améry und der Nationalsozialismus, *Zeitschrift für Religions- und Geistesgeschichte* 43(1): 30–48, hier S. 36.
[330] Ferber, Ilit (2023). Jean Améry and the Time of Resentment, *Philosophy & Social Criticism*: https://doi.org/10.1177/01914537231215674 (Download vom 15.2.2025).
[331] Améry, Jean (1977 [1966]). *Jenseits von Schuld und Sühne. Bewältigungsversuche eines Überwältigten*. Stuttgart, S. 106.
[332] Améry 1977, S. 114, kursiv im Original.
[333] Améry 1977, S. 115.
[334] Améry 1977, S. 117, kursiv im Original.

[335] Améry 1977, S. 119.
[336] Ich danke Ilit Ferber für unser ausführliches Gespräch am 14.2.2025 in Tel Aviv zu diesem Punkt, zu Améry und seinem Werk insgesamt und zu einigen in diesem Buch entwickelten Ideen, Typologien und Argumentationslinien.
[337] Hess 1991; besten Dank auch P. H. für seine Bemerkungen zu Améry als Rebell gegen die Versöhnung.
[338] Bartov, Omer (1993). Intellectuals on Auschwitz: Memory, History and Truth, *History and Memory* 5(1): 87–129, hier S. 103.
[339] Améry 1977, S. 127, kursiv im Original.
[340] Hess 1991, S. 42.
[341] Vgl. hierzu und zum Folgenden: Ferber, Ilit (2016). Pain as Yardstick: Jean Améry, *Journal of French and Francophone Philosophy* XXIV(3): 3–16.
[342] Michaelis-König 2012, S. 38.
[343] Jünger, Ernst (2014 [1951]). *Der Waldgang*. Stuttgart, S. 47.
[344] Zit. in: Klapper, John (2019). *Nonconformist Writing in Nazi Germany. The Literature of Inner Emigration*. Rochester, S. 294.
[345] Zit. in: Wachsmann, Nikolaus (1998). Marching under the Swastika? Ernst Jünger and National Socialism, 1918–33, *Journal of Contemporary History* 33(4): 573–589, hier S. 574.
[346] Jünger, Ernst (2014). *In Stahlgewittern*. Stuttgart, S. 7.
[347] Jünger, Ernst (2014 [1932]). *Der Arbeiter. Herrschaft und Gestalt*. Stuttgart.
[348] Jünger 2014: *Der Arbeiter*, S. 111f., S. 115, S. 248–250.
[349] Bullock, Marcus Paul (2012). Flight Forward: The World of Ernst Jünger's Worker, *Utopian Studies* 23(2): 450–471.
[350] Klapper 2019, S. 286.
[351] Wachsmann 1998.
[352] Safranski 2021, S. 241.
[353] Klapper 2019, S. 290ff.
[354] Zit. in: Klapper 2019, S. 294.
[355] Vgl. dazu: Gutmann, Helmut J. (1987). Politische Parabel und mythisches Modell: Ernst Jüngers *Auf den Marmorklippen*, *Colloquia Germanica* 20(1): 53–72.
[356] Jünger, Ernst (2018 [1939]). *Auf den Marmorklippen*. Stuttgart, S. 93.

[357] Jünger 2018, S. 45, S. 84.
[358] Jünger 2018, S. 26.
[359] Jünger, Ernst (2021). *Das Abenteuerliche Herz. Zweite Fassung. Figuren und Capriccios*. Stuttgart, S. 43.
[360] Jünger 2018, S. 66.
[361] Jünger 2018, S. 67.
[362] Jünger 2018, S. 44.
[363] Jünger 2018, S. 120.
[364] Sofsky 2010.
[365] Thukydides (2016). *Der Peloponnesische Krieg*. Stuttgart, S. 451. Zum Melier-Dialog vgl. den folgenden brillanten Aufsatz: Macleod, C. W. (1974). Form and Meaning in the Melian Dialogue, *Historia: Zeitschrift für Alte Geschichte* 23(4): 385–400: «The superior power of Athens drains the Melians' decision of significance. If they do not resist, the Athenians will enslave them; if they do, the Athenians will make war on them – and defeat will also mean slavery and even worse». S. auch: James, Jesse (2024). Indicting the Athenians in the Melian Dialogue, *The Journal of Hellenic Studies* 144: 164–181: «[We] see Thucydides here condemning not only the Athenian imperial project but also the rhetoric used to defend and sustain it».
[366] Thukydides 2016, S. 453, S. 454.
[367] Thukydides 2016, S. 460.
[368] Jünger 2014, S. 30.
[369] Jünger 2014, S. 83f.
[370] Die Analogie zu Robin Hood, der sich als Outlaw in den Sherwood-Wald zurückzieht, geht nicht ganz auf, ist aber auch nicht ganz falsch.
[371] Jünger 2014, S. 61, S. 23.
[372] Jünger 2014, S. 47.
[373] Jünger 2014, S. 23f.
[374] Jünger 2014, S. 74.
[375] Grau, Alexander (2023). *Vom Wald. Eine Philosophie der Freiheit*. München, Zitate S. 157, S. 153.
[376] Safranski 2021, S. 249.
[377] Strauss, Leo (1995 [1968]). *Liberalism Ancient and Modern*. Chicago/London, S. 28.
[378] Homolar-Riechmann; Alexandra (2008). Neokons = Leokons = Strauss? Eine Einführung in die neokonservative Gedan-

kenwelt und deren Bezug zur Philosophie von Leo Strauss, in Geissbühler, Simon (Hrsg.). *Der amerikanische Neokonservatismus und die Aussenpolitik der USA*. Wien/Berlin, S. 153–179, hier S. 164.

[379] Batnitzky, Leora (2021 [2010]). Leo Strauss, *Stanford Encyclopedia of Philosophy*: https://plato.stanford.edu/entries/strauss-leo/ (Download vom 16.5.2025).

[380] Mithen, Nicholas (2024). Searching for «Moderate Enlightenment»: From Leo Strauss to J. G. A. Pocock, *History of European Ideas* 50(6): 1070–1096.

[381] West, Thomas G. (1991). Leo Strauss and the American Founding, *The Review of Politics* 53(1): 157–172; Greenwald, Abe (ed.) (2023). Comedians, Straussians, Victorians, and Idlers, *Commentary Podcasts* (June 27): www.commentary.org/abe-greenwald/comedians-straussians-victorians-and-idlers (Download vom 10.7.2023).

[382] Geissbühler, Simon (Hrsg.) (2008). *Der amerikanische Neokonservatismus und die Aussenpolitik der USA*. Wien/Berlin.

[383] Howse, Robert (2012). *Misreading Leo Strauss*: www.hoover.org/research/misreading-leo-strauss (Download vom 16.5.2025).

[384] Greenwald 2023.

[385] Strauss, Leo (1989). *An Introduction to Political Philosophy: Ten Essays*. Detroit, S. 257.

[386] Strauss, Leo (2016 [1956]). *Naturrecht und Geschichte*. Frankfurt am Main, S. 1.

[387] Strauss 1989, S. 98.

[388] Strauss 1995, S. 226; vgl. dazu auch: Morgan, Michael L. (1981). The Curse of Historicity: The Role of History in Leo Strauss's Jewish Thought, *The Journal of Religion* 61(4): 345–363: Strauss erkannte die latenten Risiken für Jüdinnen und Juden in autoritären Regimen, selbst wenn sich diese bisweilen aus politischen Kalkulationen kurz- und mittelfristig judenfreundlich zeigen können, wie wir auch aus der Gegenwart wissen. Wirklich umfassende Freiheit und Sicherheit ist für Juden – so zeigte sich Strauss überzeugt – nur in einem eigenen Staat denk- und realisierbar.

[389] Smith, Steven B. (2000). Leo Strauss's Platonic Liberalism, *Political Theory* 28(6): 787–809, hier S. 804.

[390] Zit. in: Homolar-Riechmann 2008, S. 170.

[391] Rosen, Stanley (2000): Leo Strauss and the Possibility of Philosophy, *The Review of Metaphysics* 53(3): 541–564; Smith 2000.
[392] Batnitzky 2021, meine Übersetzung.
[393] Strauss, Leo (1978 [1964]). *The City and Man*. Chicago/London, S. 5.
[394] Strauss 1989, S. 5.
[395] Strauss 1995, S. 3–8, Zitat S. 8.
[396] Strauss 1995, S. 25.
[397] Strauss 1995, S. 64, Zitat S. 28.
[398] Die Wirkung der Aufklärung schien Strauss einerseits oberflächlich, weil sie die Gesellschaft nicht wirklich durchdrungen habe. Andererseits sei die Aufklärung zu radikal und habe die Gesellschaft destabilisiert. Strauss interessierte sich aber nie für eine Rückkehr zu einer Theokratie oder – wie sein Zeitgenosse Carl Schmitt – für eine Wende zu einer politischen Theologie. S. dazu: Mithen 2024; Batnitzky 2021.
[399] Strauss 1978, S. 3.
[400] Strauss 1989, S, 81.
[401] Batnitzky 2021.
[402] Strauss 1989, S. 264.
[403] O'Rourke, Meghan (2025). My summer of reckoning with ChatGPT, *The New York Times International Edition* (23. Juli), S. 9/S. 11, Zitat S. 11 (meine Übersetzung, von mir kursiv gesetzt).
[404] Strauss 1995, S. 203: «It is not easy to free one's mind from the impact of any apparently beneficent authority, for such freeing requires that one step outside of the circle warmed and charmed by the authority to be questioned. Yet it is necessary to make the effort».
[405] Strauss 2016, S. 3f.
[406] Strauss 1978, S. 11: «One can come to doubt the fundamental premise of present-day social science – the distinction between values and facts».
[407] Homolar-Riechmann 2008, S. 165.
[408] Strauss 2016, S. 63.
[409] Strauss, Leo (1941). Persecution and the Art of Writing, *Social Research* 8(4): 488–504.
[410] Melzer, Arthur M. (2014). *Philosophy between the Lines. The Lost History of Esoteric Writing*. Chicago; s. auch: Smith,

Steven B. (1991). Leo Strauss: Between Athens and Jerusalem, *The Review of Politics* 53(1): 75–99.
[411] Besten Dank an P. H. für seine Hinweise hierzu.
[412] MacLean, Aaron (2025). *Keynote Address*: https://x.com/AaronBMacLean/status/1941876376010719669 (Download vom 8.11.2025), meine Übersetzung.
[413] Müller, Herta (2016). *Freiheit ist etwas, wovor manche Angst haben und andere nicht*: https://www.goethe.de/ins/cz/de/kul/mag/20907619.html (Download vom 25.12.2023).
[414] Müller, Herta (2009). *Cristina und ihre Attrappe oder Was (nicht) in den Akten der Securitate steht*. Göttingen, S. 18.
[415] Müller, Herta (2016). *Mein Vaterland war ein Apfelkern*. Frankfurt am Main, S. 37.
[416] Müller 2016, S. 62.
[417] Müller, Herta (2023). *Eine Fliege kommt durch einen halben Wald*. München, S. 14.
[418] Müller 2023, S. 15.
[419] Müller 2023, S. 17.
[420] Müller, Herta (2009). *Nobelrede*: www.nobelprize.org/prizes/literature/2009/muller/25746-herta-muller-nobelvorlesung/ (Download vom 23.9.2025).
[421] Müller 2009.
[422] Müller 2023, S. 17.
[423] Müller 2016, S. 62; Müller 2009: «Weil das Schreiben ein stummes Tun ist, eine Arbeit vom Kopf in die Hand. Der Mund wird übergangen. [Das] Schreiben hat im Schweigen begonnen».
[424] Müller 2023, S. 17f.
[425] Müller 2023, S. 18; Müller 2016: «Nur wenn man verfolgt war, galt man als Individuum, weil Individuum ein Schimpfwort war. [. . .] Das Individuelle durfte es nicht geben, nicht einmal in der Kleidung der Leute».
[426] Müller 2023, S. 58.
[427] Müller 2023, S. 101.
[428] Müller 2023, S. 18; vgl.: «Die Fantasie der Kunst hat bisher noch jeden Diktator gestört. Das ‚Stören' wird einem zum Verhängnis in der Diktatur. Objektiv gesehen ist man nicht gefährlich, aber man stört, und das reicht» (Müller 2015).
[429] Müller 2009, S. 24.
[430] Müller 2023, S. 22.

[431] Müller 2023, S. 52.
[432] Krause, Tilman (2009). *Herta Müller und der Makel des SS-Vaters*: www.welt.de/kultur/article4779754/Nobelpreistraegerin-Herta-Mueller-und-der-Makel-des-SS-Vaters.html (Download vom 23.9.2025).
[433] Müller 2016, S. 83.
[434] Zit. in: www.juedische-allgemeine.de/kultur/literaturnobelpreistraegerin-herta-mueller-warnt-vor-grassierendem-hass-auf-juden/ (Download vom 9.10.2025).
[435] Ähnliches gilt für die Demokratie (vgl. hierzu: Geissbühler 2023).
[436] Interview mit Herta Müller in der *Neuen Zürcher Zeitung* vom 23.12.2023 (S. 36).
[437] Interview mit Herta Müller («Putins Dreistigkeit beleidigt meinen Verstand») vom 5.3.2015: https://www.welt.de/kultur/article138087231/Putins-Dreistigkeit-beleidigt-meinen-Verstand.html (Download vom 19.11.2023).
[438] Müller 2023, S. 54; s. dazu auch: Interview mit Herta Müller in der *Neuen Zürcher Zeitung* vom 23.12.2023 (S. 36): «Mit einer destruktiven Ideologie kann man nicht reden. Jede abweichende Meinung wird zerquetscht».
[439] Müller (2024). *Dankesrede (Arik-Brauer-Publizistikpreis)*: www.juedische-allgemeine.de/kultur/das-wort-maertyrer-verachtet-das-leben-schlechthin/ (Download vom 24.9.2025).
[440] Müller 2015.
[441] Zit. in: Joffe, Josef (2024). *Laudatio*: www.juedische-allgemeine.de/kultur/eine-welt-ohne-herta-muellers-kompromisslose-literatur-ist-unvorstellbar/ (Download vom 24.9.2025).
[442] Joffe 2024.
[443] Cyrulnik 2023, S. 121, S. 140; S. 219.
[444] Cyrulnik 2023, S. 219.
[445] Cyrulnik 2023, S. 56.
[446] Seneca 2024, S. 64f.
[447] Zit. in: Bellow, Saul (1976). *To Jerusalem and Back. A Personal Account*. New York, S. 94 (meine Übrsetzung); s. dazu auch Rosen 2024.
[448] Matwijtschuk 2025, S. 17.

& Literacy Studies 7(2): 177–188: «[This] polemic paper puts the case that handwriting should be in the foreground not only at primary school stage but throughout pupils‘ secondary school education».

[480] Singer/Emerson 2018.

[481] S. dazu weiterhin: Goertz 1995.

[482] Grau 2024, S. 90.

[483] Rosen 2024; Snyder 2024, S. 259.

[484] Hierzu vgl. Snyder 2024, S. 258–263.

[485] Shirky 2025.

[486] Huxley 2021, S. 263–275.

[487] Seneca 2024, S. 74, s. auch S. 77.

[488] Kertész 2015, S. 83.

[489] Frankl 2023, S. 41.

[490] Sofsky 2014c.

[491] Sofsky, Wolfgang (2014a). Entscheidungsfreiheit, *Schweizer Monat* 1022 (Dezember): https://schweizermonat.ch/entscheidungsfreiheit/ (Download vom 20.7.2025).

[492] Müller 2025, S. 19.

[493] Sebastian 2005, S. 13f.

[494] Sebastian 2005, S. 42.

[495] Interview im *TagesAnzeiger* am 15.11.2025: https://www.tagesanzeiger.ch/paul-lendvai-man-muss-immer-um-die-freiheit-fuerchten-928931699961 (Download vom 16.11.2025).

[496] Ich danke P. H. für diese Überlegungen.

[497] Einstein, Albert (1938). *Commencement Address*: https://swat150.swarthmore.edu/1938-albert-einsteins-commencement-address.html (Download vom 6.9.2025).

[498] Thukydides 2016, S. 143.